KB019404

맛있는 캠핑,
떠나 볼까요?

레시피팩토리는 행복 레시피를
만드는 감성 공작소입니다.
레시피팩토리는 모호함으로 가득한
세상 속에서 당신의 작은 행복을 위한
간결한 레시피가 되겠습니다.

집에서 꼼꼼 준비
밖에서 후딱 요리

캠핑 &
펜션 요리

집에서 꼼꼼 준비, 밖에서 후딱 요리
〈캠핑 & 펜션 요리〉 200% 활용하기

1

아이가 있는 가족이 즐기기 좋은 요리 10개 세트를 담았습니다.
세트 속 메뉴는 가족의 취향에 맞춰 다양한 조합으로 즐길 수 있고,
세트에 관계없이 원하는 요리만 따로 만들 수도 있답니다.

2

캠핑의 꽃, 바비큐! 더 맛있게 즐길 수 있는 노하우를 소개합니다(44쪽).
다양한 조리법의 고기 세트(14, 24, 34쪽)도 놓치지 마세요.

3

좀 더 특별한 캠핑 요리를 즐기고 싶은
고수들을 위한 해산물 세트(46, 56, 72쪽)와
현지에서 구입한 해산물의 손질 방법도 소개합니다(66쪽).

4

아무도 알려주지 않았지만 꼭 배우고 싶었던 마법의 만능 양념(12쪽).
바쁠 때, 또는 늘 먹는 요리가 지겨울 때는 양념만 얼른 챙겨가세요.
센스 만점 캠핑 식탁을 차릴 수 있답니다.

5

여행을 떠난 그곳만의 제철 특산품을 만나보세요(124쪽).
캠핑 & 펜션 요리가 더 푸짐하고, 더 싱싱하고, 더 다양해집니다.

6

초보 캠퍼들에게 가장 어려운 것은 바로 냄비밥 짓기와 설거지!
그 해결 방법을 깨알같이 담았습니다(9쪽).

contents

Set 1

바비큐가 빠지면 섭섭하지

Set 2

뜨끈뜨끈~ 고기 국물 끝판왕

Set 3

지글지글~ 스테이크의 맛과 멋

Set 4

해산물 바비큐가 당길 때

Set 5

진정한 고수는 해산물을 쪄 먹지

레시피를 따라 하기 전 책의 구성 요소들을 먼저 확인하세요.
따라 하기 훨씬 더 수월하답니다.

장보기 리스트
세트 속 4가지 요리를 만들 때 필요한 식재료를
채소, 육류 및 난류, 해산물, 과일, 가공식품,
양념류 등으로 분류해 분량과 함께
적어뒀어요. 장 보러 갈 때 챙겨가세요.

조리 도구
세트 속 4가지 요리를 만들 때 필요한 조리 도구를
적어뒀어요. 전문 캠핑 도구가 아닌 집에 있는
계량도구, 냄비, 팬, 볼 등이랍니다.

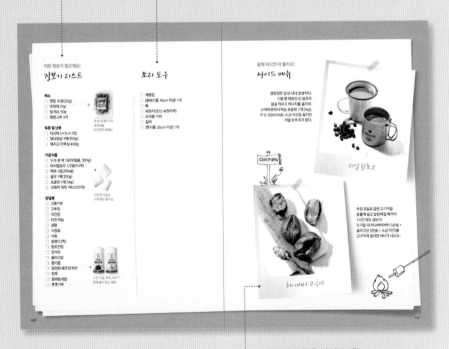

곁들이면 좋은 사이드 메뉴
세트에 어울릴 만한 사이드 메뉴를
2개씩 담았어요. 세트만으로 부족할 때,
좀 더 근사하게 차리고 싶을 때 준비하세요.

집에서 준비하기
미리 집에서 재료를
준비하는 방법입니다.
손질한 재료를
담아 가는 노하우까지
한눈에 확인하세요.

요리 소개
요리의 특징을 담았어요.
한눈에 맛 포인트를
알 수 있답니다.

현지에서 구입하기
신선함이 생명인 해산물은
현지에서 구입하도록 안내했습니다.

밖에서 요리하기
최소한의 과정과 도구로
밖에서 후다닥 요리할 수
있도록 소개했어요.

알아두면 좋은 팁
대체 재료, 재료 사용하기 등
알아두면 좋은 팁을 적었습니다.

계량 & 불 세기 가이드

계량도구가 없어도 걱정 마세요! 밥숟가락, 종이컵을 활용하면 된답니다.
불 세기도 미리 알아두면 요리가 훨씬 편해져요.

계량 가이드

15㎖　계량스푼 1큰술 = 밥숟가락 약 1과 1/2큰술

5㎖　계량스푼 1작은술 = 밥숟가락 약 1/2큰술

200㎖　계량컵 1컵 = 종이컵 1컵

불 세기 알아보기

불 세기는 **버너의 불꽃과 사용하는 팬의 간격**으로 체크하세요.

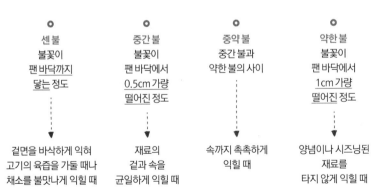

센 불	중간 불	중약 불	약한 불
불꽃이 팬 바닥까지 닿는 정도	불꽃이 팬 바닥에서 0.5cm 가량 떨어진 정도	중간 불과 약한 불의 사이	불꽃이 팬 바닥에서 1cm 가량 떨어진 정도
겉면을 바삭하게 익혀 고기의 육즙을 가둘 때나 채소를 불맛나게 익힐 때	재료의 겉과 속을 균일하게 익힐 때	속까지 촉촉하게 익힐 때	양념이나 시즈닝된 재료를 타지 않게 익힐 때

야외에서 불 조절하기가 어렵다면?
야외에서는 실내보다 불 조절이 더 어렵고, 사용하는 종류에 따라 불 세기가 다르므로
레시피마다 적힌 자세한 상태를 확인하며 익히는 시간과 불 세기를 조절한다.

밥 짓기 & 설거지 노하우

초보 캠퍼들에게 가장 어려운 것은 바로 야외에서 밥 짓기와 설거지!
깨알 같은 노하우를 만나보세요.

냄비밥 짓기

야외에서 냄비로 밥을 짓다보면 아래는 타고 위는 설익는 경우가 다반사.
냄비밥의 핵심은 바로 쌀과 물의 비율, 그리고 익히는 시간!
★ 2~3인분 = 불리기 전 쌀 2컵. 냄비밥은 한 번에 4~5인분까지만 가능.

1 냄비에 쌀과 물을 1 : 1.3의 비율로 넣고 센 불에서 끓인다.

2 바글바글 끓어오르면 주걱으로 위아래로 골고루 저은 후
뚜껑을 덮고 중약 불로 줄여 10분간 끓인 후 불을 끈다.

3 그대로 7~10분간 뜸을 들인다.

4 뚜껑을 열어 밥알이 눌어붙지 않도록 위아래로 골고루 섞는다.

- -

설거지 깨알 노하우

야외에서는 깨끗하게 설거지하기가 어렵고, 환경 문제로 인해
세제를 편하게 사용할 수도 없다. 자연친화적인 설거지 노하우를 소개한다.

1 신문지와 밀가루
신문지(또는 키친타월)로 기름기를 먼저 닦은 후
밀가루를 붓고 문질러 씻으면 기름기 제거에 효과적.

2 쌀뜨물
쌀을 씻은 물에는 전분기가 남아있어 세척 효과가 있다.
그릇에 쌀뜨물을 잠시 담갔다가 키친타월로 닦는다.

3 굵은소금
열기가 남은 팬이나 그릇에 굵은소금을 넣고 살살 문지른 후 키친타월로 닦는다.
단, 상처가 나기 쉬운 스테인리스나 코팅 팬에는 사용하지 않는다.

4 티슈 세제
자연친화적 재료만으로 부족하다면 티슈 세제를 사용하자.
뽑아서 닦기만 하면 끝. 단, 사용한 티슈는 꼭 챙겨오도록 할 것.

양념, 요리 재료를
담아가자!

요리에 필요한 양념. 통째로 모두 다 들고 갈 순 없는 법.
준비해두면 짐 싸기와 요리가 더 편해지는 아이디어 도구들을 소개합니다.

독자 기획단 강력 추천!

밀폐용기

양념부터 큰 재료까지, 이것저것
담기 좋은 밀폐용기. 유리보다는
플라스틱이 가볍고 이동이 쉽다.
사용하지 않을 경우 보관이
용이하도록 같은 브랜드의 밀폐용기를
크기별로 구입해두는 것을 추천.
다이소(천원숍), 팬시점, 대형 마트의
생활용품 코너에서 구입할 수 있다.

미니 양념류

작은 사이즈로 판매되는 제품류는
따로 덜어갈 필요 없이 그대로 들고
가면 된다. 대형 마트, 백화점보다는
가까운 편의점에서 더욱 구하기 쉽다.

1 미니 케첩 & 마요네즈
2 청정원 쉐프의 허브(허브가루류)
3 미니 고추장 4 미니 간장
5 미니 참기름

12cm
내외

작은 용기

작은 크기의 용기는 양념류를 담아 가기
적당하다. 이때, 양념류는 넉넉하게
담아가는 것이 좋다. 고기를 구울 때, 요리에
간을 맞출 때 등 언제든 사용할 수 있기 때문.
다이소(천원숍), 팬시점, 대형 마트의
생활용품 코너에서 여행용 화장품 용기를
구입하면 된다.

❶ 소금, 설탕, 후춧가루 등의 가루류
❷ 식용유와 같은 기름류나
    청주, 간장과 같은 액체류

큰 용기

큰 용기에는 끓인 육수를 완전히 식힌 후
담아 가거나 만들어 둔 양념을 챙겨가기
편리하다. 뚜껑이 단단하게 잠기는지
꼭 확인하자. 다이소(천원숍), 팬시점,
대형 마트의 생활용품 코너에서
화장품이나 세제 리필용기로 구입하면 된다.

지퍼백

어떤 재료도 담기 좋은 지퍼백.
엄지손가락만한 사이즈부터 A4 용지보다
큰 사이즈 등 두루두루 갖춰두면 활용하기
좋다. 다만, 양념이 묻은 재료를 담아
갈 경우 꺼낼 때 양념이 지퍼백에 남지
않도록 최대한 힘주어 눌러 재료를
꺼내야 요리가 싱거워지지 않는다.
다이소(천원숍), 팬시점, 대형 마트의
생활용품 코너에서 구입할 수 있다.

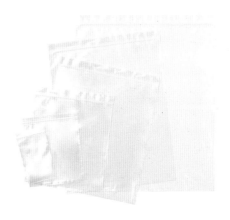

마법의 양념

만들어가면 더 편하다!

넉넉히 만들어 가져가면 여기저기 다양하게 쓰이는 양념들입니다.
불조리 없이 재료만 섞어 담으면 끝!

쌈장

구운 고기, 찌개 양념으로 활용하기 좋다.

3회분 / 냉장 7일
고춧가루 2큰술 + 통깨 1큰술 + 다진 마늘 1큰술 +
양조간장 1큰술 + 꿀 2큰술 + 된장 5큰술 +
고추장 1과 1/2큰술 + 참기름 1큰술

국수 비빔장

소면에 남은 채소, 비빔장만 더하면 비빔국수 완성!

3회분 / 냉장 7일
송송 썬 대파 10cm + 설탕 2큰술 + 고춧가루 1/2큰술 +
다진 마늘 1큰술 + 식초 2큰술 + 매실청(또는 올리고당)
1큰술 + 고추장 5큰술 + 후춧가루 약간

겉절이 양념

쌈 싸 먹고 남은 채소와 함께 무쳐 겉절이로 먹기 제격.
비빔밥 양념으로도 추천.

쌈 채소 100g 기준 / 냉장 7일
고춧가루 1큰술 + 통깨 1/2큰술 + 식초 1큰술 + 양조간장
1/2큰술 + 매실청(또는 올리고당) 2작은술 + 참기름 1작은술

국물 양념

맑은 국물을 더 얼큰하게 즐기고 싶다면 더해보자.
죽, 국, 찌개, 라면 어디든 OK!

3회분 / 냉장 7일
고춧가루 3큰술 + 다진 파 2큰술 + 다진 마늘 1큰술 +
양조간장 1과 1/2큰술 + 설탕 1/2작은술 + 참기름 1작은술

기름장

구운 고기를 찍어 먹거나, 채 썬 양배추에
살짝 뿌려 샐러드로 즐겨도 맛있다.

3회분 / 냉장 7일

참기름 2큰술 + 청정원 쉐프의허브(또는 말린 허브가루 +
소금) 1작은술 + 다진 마늘 1작은술 + 후춧가루 약간

초고추장

부침개나 채소스틱, 해산물을 찍어 먹기 좋다.
기호에 따라 와사비를 더해도 색다르다.

3회분 / 냉장 7일

설탕 1/2큰술 + 송송 썬 쪽파 1큰술 + 식초 1큰술 +
매실청(또는 올리고당) 2큰술 + 고추장 4큰술

겨자장

해산물이나 채소를 찍어 먹기에 좋은 겨자장.
겨자는 먹기 직전에 넣어야 매운맛이 더 잘 느껴진다.

3회분 / 냉장 7일

식초 3큰술 + 양조간장 1/2큰술 + 연겨자(또는 연와사비)
2큰술 + 올리고당 2큰술 +매실청(또는 올리고당) 1큰술

마요 간장소스

건어물이나 튀김을 찍어 먹기 좋은 소스.

3회분 / 냉장 7일

다진 청양고추 1/2개분 + 양조간장 1/2큰술 +
마요네즈 4큰술 + 후춧가루 약간

★
스모어

★
비어 포크 &
치킨

★
얼큰 쌈장찌개

Set 1

바비큐가 빠지면 섭섭하지

메인 비어 포크 & 치킨
국물 얼큰 쌈장찌개
곁들임 쌈무 채소겉절이
간식 스모어

★
쌈무 채소겉절이

이런 재료가 필요해요!

장보기 리스트

채소
- ☐ 깻잎 10장(20g)
- ☐ 대파채 70g
- ☐ 쌈 채소 50g
- ☐ 청양고추 3개

채 썬 상태로 파는
대파채를
구입하면 편해요.

육류 및 난류
- ☐ 다시마 5×5cm 2장
- ☐ 닭다릿살 1팩(350g)
- ☐ 돼지고기 목살 400g

가공식품
- ☐ 두부 큰 팩 1모(부침용, 300g)
- ☐ 마시멜로우 1/2봉(10개)
- ☐ 맥주 1컵(200㎖)
- ☐ 쌈무 1팩(350g)
- ☐ 초콜릿 1개(34g)
- ☐ 크래커 과자 1박스(20개)

다양한 색깔로
구매해도 좋아요.

양념류
- ☐ 고춧가루
- ☐ 고추장
- ☐ 국간장
- ☐ 다진 마늘
- ☐ 설탕
- ☐ 식용유
- ☐ 식초
- ☐ 쌈장(12쪽)
- ☐ 양조간장
- ☐ 연겨자
- ☐ 올리고당
- ☐ 참기름
- ☐ 청정원 쉐프의 허브
- ☐ 청주
- ☐ 토마토케첩
- ☐ 후춧가루

구운 소금, 후추, 허브가
함께 들어 있는 제품.

조리 도구

- ☐ 계량컵
- ☐ 냄비(지름 16cm 이상) 1개
- ☐ 볼
- ☐ 쇠꼬치(또는 쇠젓가락)
- ☐ 조리용 가위
- ☐ 집게
- ☐ 팬(지름 26cm 이상) 1개

함께 먹으면 더 좋아요!

사이드 메뉴

캠핑장은 일 년 내내 쌀쌀하다.
이럴 땐 따뜻한 단 음료로
몸을 데우고 에너지를 올리자.
슈퍼마켓에서 파는 초콜릿 1개(34g),
우유 3컵(600㎖), 소금 약간을 끓이면
리얼 핫초코가 된다.

리얼 핫초코

쿠킹 포일로 감싼 고구마를
숯불에 넣고 말랑해질 때까지
1시간 정도 굽는다.
뜨거울 때 허니버터(버터 5큰술 +
올리고당 3큰술 + 소금 약간)를
고구마에 올리면 버터가 사르르~

허니버터 고구마

비어 포크 & 치킨

♡ 3~4인분

집에서 준비하기
ⓒ 15~25분

돼지고기 목살 250g
2등분한 후 맥주 1/2컵(100㎖)과
함께 밀폐용기에 담는다.

닭다릿살 1팩(350g)
칼끝으로 여러군데 깊게 칼집을 낸다.
맥주 1/2컵(100㎖)과 함께
밀폐용기에 담는다.

청정원 쉐프의 허브
스테이크 1작은술
(또는 통후추 간 것+
소금)

매콤 쌈장
다진 청양고추 2개+
고춧가루 1/2큰술+
쌈장(12쪽) 5큰술+참기름
1큰술+후춧가루 약간

닭강정 소스
토마토케첩 2큰술+
올리고당 1큰술+
고추장 2큰술+
다진 마늘 2작은술

맥주에 닭을 꽂아 만드는 '비어 치킨'의 간단 버전!
고기를 맥주에 재워 육질이 촉촉하다.

밖에서 요리하기
🕐 15~25분

1 목살, 닭다릿살의 맥주를 따라낸다.

2 청정원 쉐프의 허브를 1/2작은술씩 뿌린다.

3 달군 팬에 고기를 넣고 센 불에서 3분,
  뒤집어가며 2분간 굽는다.
  ★ 닭다릿살은 껍질 쪽이 팬의 바닥에
  먼저 닿도록 올리는 것이 좋다.

4 한입 크기로 자르고 쌈장 또는 소스를 곁들인다.

TIP 고기 대체하기
목살, 닭다릿살 중 한 종류만 사용하거나
항정살, 삼겹살로 대체해도 좋다.
이때, 총량은 600g이 되도록 한다.

맥주 대신 다른 재료로 밑간하기
청주 2큰술 + 후춧가루 약간으로 대체해도 좋다.

남은 고기 활용하기
쌈장 또는 소스, 밥, 쌈 채소와 함께
비빔밥으로 즐겨도 좋다.

얼큰 쌈장찌개

▽ 2~3인분

집에서 준비하기
ⓛ 15~20분

- 다시마 5×5cm 2장
- 청양고추 1개(생략 가능)
- 대파채 20g(또는 대파 20cm)
- 깻잎 10장(20g)

두부 쌈장
으깬 두부 큰 팩 1모(부침용, 300g)+
고춧가루 1큰술 + 다진 마늘 1큰술 +
쌈장(12쪽) 3큰술 + 국간장 1작은술 +
후춧가루 약간

식용유 2큰술

돼지고기 목살 150g
2cm 두께로 썬 후 밑간(청주 1큰술 + 청정원 쉐프의 허브
스테이크 1/2작은술)과 버무려 지퍼백에 담는다.

부드러운 두부를 더해 찌개의 염도는 확 낮추고,
담백한 맛은 살렸다.

- - - - · 밖에서 요리하기
　　　⏱ 15~20분
- -

Ⅰ　달군 냄비에 식용유, 목살을 넣고
　　중간 불에서 2분간 볶는다.
　　물 1과 1/2컵(300㎖), 다시마를 넣고
　　중간 불에서 끓어오르면 두부 쌈장을 넣는다.

2　대파채, 청양고추를 잘라 넣고
　　중간 불에서 5분간 끓인다.

3　깻잎을 한입 크기로 잘라 넣고
　　중간 불에서 2분간 끓인다.

Tip　**구운 고기를 찌개에 활용하기**
먹고 남은 구운 고기(18쪽)를 활용해도 좋다.
이때, 과정 ①에서 목살 볶는 과정을 생략하고
물과 함께 넣는다.

쌈무 채소겉절이

먹고 남은 쌈무의 특별한 변신! 삶은 국수를 더해 비벼 먹어도 좋다.

♡ 2~3인분

집에서 준비하기
⏱ 10~15분

• 쌈 채소 50g
• 대파채 50g
 (또는 대파 30cm)

쌈무 1팩(350g)
10장은 겉절이에 활용하고
나머지는 그대로 먹는다.

양념
식초 1큰술 +
설탕 1작은술 +
양조간장 2작은술 +
연겨자 1작은술 +
후춧가루 약간

밖에서 요리하기
⏱ 5~10분

Ⅰ 볼에 양념을 넣는다.

2 쌈무는 물기를 제거한다.
 쌈무, 쌈 채소를 한입 크기로 자른 후
 ①의 볼에 넣어 살살 무친다.

스모어

따뜻할 때 먹어야 맛있다. 캠핑 대표 간식!

▽ 10개분

집에서 준비하기
⏱ 5~10분

크래커 과자 1박스(20개)
야채크래커, 아이비 추천

마시멜로우 1/2봉(10개)

초콜릿 1개(34g)
굵게 부숴 지퍼백에 담는다.

밖에서 요리하기
⏱ 15~25분

1 꼬치(또는 쇠젓가락)에 마시멜로우 1개를 끼운 후
   약한 불에 천천히 돌려가며 노릇하게 30~40초간 굽는다.
   ★ 타거나 불이 붙을 수 있으므로 조심한다.

2 크래커 1개 → 부순 초콜릿 약간 → ① → 크래커 1개
   순으로 올린다. ★ 마시멜로우를 구운 후 바로 올려야
   녹으면서 접착력이 생겨 잘 붙는다.

3 힘주어 꾹 눌러 붙인다.

4 마시멜로우가 꽂혀 있던 꼬치(또는 쇠젓가락)를
   살살 돌려가며 뺀다. 같은 방법으로 더 만든다.

★
누룽지 닭백숙

Set 2

뜨끈뜨끈~ 고기 국물 끝판왕

메인 누룽지 닭백숙
서브 깻잎 김치참치전
곁들임 부추겉절이
간식 가래떡구이 & 누룽지 꿀

★
깻잎
김치참치전

★
부추겉절이

★
가래떡구이 &
누룽지꿀

이런 재료가 필요해요!

장보기 리스트

조리 도구

채소
- ☐ 깻잎 20장(40g)
- ☐ 대파 10cm 4대
- ☐ 마늘 5쪽(25g)
- ☐ 부추 1줌(50g)

육류 및 난류
- ☐ 닭볶음탕용 1팩(1kg)

가공식품
- ☐ 가래떡 10cm 4줄
- ☐ 부침가루 1/2컵(60g)
- ☐ 배추김치 1컵(익은 것, 150g)
- ☐ 시판 누룽지 120g + 2큰술
- ☐ 통조림 참치 1캔
      (작은 것, 100g)

양념류
- ☐ 고춧가루
- ☐ 꿀
- ☐ 다진 마늘
- ☐ 매실청
- ☐ 소금
- ☐ 식용유
- ☐ 식초
- ☐ 양조간장
- ☐ 참기름
- ☐ 청주
- ☐ 통깨
- ☐ 후춧가루

통으로 된 것, 부순 것,
모두 추천!

- ☐ 계량컵
- ☐ 냄비(지름 24cm 이상) 1개
- ☐ 뒤집개
- ☐ 볼
- ☐ 조리용 가위
- ☐ 주걱
- ☐ 집게
- ☐ 팬(지름 26cm 이상) 1개

함께 먹으면 더 좋아요!

사이드 메뉴

물 1컵(200㎖) + 식초 1/2컵(100㎖) +
양조간장 1/4컵(50㎖) + 설탕 4큰술을
센 불에서 끓인다. 한입 크기로 썬
양파 1/2개(100g), 오이 1/2개(100g),
청양고추 1개와 함께 병에 담아
한 김 식힌 후 1일간 실온 숙성 시킨다.

양파 오이장아찌

한입 크기로 썬 오이 1/4개(50g)와
깻잎 10장(20g), 레몬즙 2큰술,
꿀 1큰술을 섞는다.
먹기 직전에 차가운 사이다
1병(750㎖)과 얼음을 더하면 끝!
남은 와인을 더해도 이색적이다.

오이 깻잎모히토

누룽지 닭백숙

▽ 3~4인분

집에서 준비하기
⏱ 20~25분

- 대파 10cm 4대
- 마늘 5쪽(25g)

닭볶음탕용 1팩(1kg)
끓는 물에 넣고 센 불에서 1분간 데친다.
헹군 후 물기를 빼고 청주 1큰술과 섞어
지퍼백에 담는다.

소금 1작은술

후춧가루 약간

시판 누룽지 120g
한입 크기로 부숴 지퍼백에 담는다.

통으로 된 닭 대신 닭볶음탕용을 활용하면
큰 냄비도, 긴 시간도 필요 없이
간단하게 만들 수 있다.

- - - - - **밖에서 요리하기**
  ⏱ 30~40분

1 냄비에 닭, 대파 3대, 마늘, 물 7컵(1.4ℓ)을 넣고
  센 불에서 끓어오르면 뚜껑을 덮은 후
  약한 불로 줄여 30분간 끓인다.

2 소금, 후춧가루를 넣고 불을 끈 후
  닭을 건져 먹는다.

3 남은 국물에 누룽지를 넣고
  중간 불에서 5~7분간 끓인다.
  ★ 남은 국물의 양은 3컵(600㎖)이며
  부족한 경우 물을 더한다.

4 대파 1대를 송송 잘라 넣고 약한 불에서
  3분간 누룽지가 풀어질 때까지
  저어가며 끓인 후 먹는다.
  ★ 남은 닭고기를 더해도 좋다.

TIP **닭볶음탕용을 다른 재료로 대체하기**
닭다리 5개(500g) + 닭가슴살 4쪽(400g)으로
대체해도 좋다.

누룽지를 밥으로 대체하기
밥 1공기(200g)로 대체해도 좋다. 이때,
과정 ③에서 끓이는 시간을 3~5분으로 줄인다.

깻잎 김치참치전

▽ 지름 15cm 2장분

집에서 준비하기
⏱ 15~20분

식용유 2큰술

반죽
한입 크기로 썬 익은 배추김치 1컵(150g) +
기름 뺀 통조림 참치 1캔(작은 것, 100g) +
썬 깻잎 10장(20g) + 부침가루 1/2컵(60g) +
생수 1/2컵(100㎖) + 다진 마늘 1작은술

먹고 남은 김치가 있다면?
묵은 김치가 많다면? 전으로 한번에 해결하자.
참치로 영양을, 깻잎으로 풍미를 더했다.

밖에서 요리하기
⏱ **10~20분**

Ⅰ 달군 팬에 식용유 1큰술을 두르고
   반죽 1/2분량을 넣어 지름 15cm 크기로
   얇게 펼친다.

2 중간 불에서 3분, 뒤집어 2분간 구워
   덜어둔다. 같은 방법으로 1개 더 굽는다.
   ★ 팬의 크기에 따라 크기를 조절해도 좋다.
   반죽을 차게 보관하면
   더 바삭한 전으로 즐길 수 있다.

△ **Tip   재료 대체하기**
통조림 참치는 동량(100g)의 통조림 닭가슴살로,
깻잎은 동량(20g)의 부추, 쪽파, 대파채로
대체해도 좋다.

부추겉절이

고기 구이에, 누룽지 닭백숙에, 여기저기 곁들이기 참 좋다.

▽ 2~3인분

집에서 준비하기
⏱ 10~15분

겉절이 양념
고춧가루 1큰술 + 통깨 1/2큰술 +
식초 1큰술 + 양조간장 1/2큰술 +
매실청(또는 올리고당) 2작은술 +
참기름 1작은술

• 부추 1줌(70g)
• 깻잎 10장(20g)

밖에서 요리하기
⏱ 5~10분

1 볼에 겉절이 양념을 넣는다.
　★ 미리 만들어둔 양념이 너무 되직하다면
　생수 1큰술을 섞어도 좋다.

2 부추, 깻잎을 한입 크기로 자른 후
　①의 볼에 넣어 살살 무친다.

 Tip 양념 활용하기
누룽지 닭백숙(28쪽)에 더해 칼칼하게 즐겨도 좋다.

032

가래떡구이 & 누룽지 꿀

꿀 속에 담긴 톡톡 터지는 누룽지 식감이 예술!

▽ 4개분

집에서 준비하기
🕐 5~10분

가래떡 10cm 4줄

누룽지 꿀
누룽지 부순 것 2큰술
+ 꿀 4큰술 + 소금 약간

밖에서 요리하기
🕐 10~15분

| 달군 팬에 가래떡을 넣고 중간 불에서 굴려가며 5~7분간 노릇하게 굽는다. 누룽지 꿀을 곁들인다.

 TIP **가래떡을 다른 떡으로 대체하기**
떡볶이 떡(또는 떡국 떡) 1컵을 팬에 넣어 굴려가며 중간 불에서 5분간 노릇하게 굽는다.

누룽지를 견과류로 대체하기
다진 견과류 1큰술 + 통깨 약간으로 대체해도 좋다.

가래떡 사용하기
냉동 또는 딱딱한 가래떡은 끓는 물에서 1분간 말랑할 때까지 데친 후 사용한다.

치즈 닭윙구이 ★

Set 3

지글지글~ 스테이크의 맛과 멋

메인1 찹스테이크 & 구운 채소
메인2 치즈 닭윙구이
곁들임 버섯 두부수프
간식 초콜릿 바나나샌드

★ 버섯
두부수프

★
찹스테이크 &
구운 채소

★
초콜릿
바나나샌드

이런 재료가 필요해요!

장보기 리스트

조리 도구

☐ 냄비(지름 16cm 이상) 1개
☐ 종이 포일
☐ 주걱
☐ 집게
☐ 팬(지름 26cm 이상) 2개

채소
☐ 각종 채소
　　(양파, 버섯, 파프리카, 가지 등) 300g
☐ 양송이버섯 10개(200g)
☐ 양파 1/2개(100g)

육류 및 난류
☐ 닭윙 약 15개(350g)
☐ 쇠고기 등심 400g
　　(스테이크용, 또는 안심)

과일
☐ 바나나 1개(100g)

가공식품
☐ 견과류 3큰술(30g)
☐ 또띠야(9인치) 2장
☐ 생식두부 1팩(또는 연두부, 140g)
☐ 우유 3컵(600㎖)
☐ 초콜릿 1개(34g)

옥수수가루나
밀가루로 만든 또띠야.
요리에 곁들이기 좋아요.

양념류
☐ 감자전분
☐ 맛술
☐ 발사믹식초
☐ 소금
☐ 식용유
☐ 양조간장
☐ 올리브유
☐ 청정원 쉐프의 허브
☐ 청주
☐ 통후추
☐ 파마산 치즈가루
☐ 홀그레인 머스터드

짭조름한 맛이 있어
간을 조절하기에도
제격이에요.

겨자의 씨까지 함께
들어 있는 것.
톡 쏘는 맛이 매력적.

함께 먹으면 더 좋아요!

사이드 메뉴

먹고 남은 찹스테이크 &
구운 채소(38쪽)를 한입 크기로 썬다.
따뜻한 밥 1과 1/2공기(300g)에
고추장, 참기름과 함께 넣으면
비빔밥 완성. 달걀프라이를 올리면
더욱 푸짐하다.

자투리 비빔밥

일명 바나나구이. 2등분한
바나나에 껍질째 칼집을 넣는다.
달군 팬에 넣고 뚜껑을 덮어
중간 불에서 20분간 중간중간
굴려가며 껍질이 까맣게 될 때까지
굽는다. 칼집 사이에 견과류,
건과일, 꿀, 초콜릿을 뿌리면 완성!

바나나보트

찹스테이크 & 구운 채소

♡ 3~4인분

집에서 준비하기
ⓒ 25~30분

쇠고기 등심 400g(스테이크용, 또는 안심)
한입 크기로 썬 후 밑간(청주 1큰술 +
올리브유 1큰술 + 소금 1/2작은술 + 통후추 간 것
1/2작은술)과 버무려 지퍼백에 담는다.

소스
발사믹식초 2큰술 + 맛술 1큰술 +
양조간장 1큰술 +
홀그레인 머스터드(또는 머스터드)
1작은술 + 통후추 간 것 약간

각종 채소 300g
(양파, 버섯, 파프리카, 가지, 호박, 토마토 등)
한입 크기로 썰어 지퍼백에 담는다.

소스 하나면 스테이크에,
채소를 구울 때에 모두 활용할 수 있다.

밖에서 요리하기
🕐 **15~25분**

Ⅰ 센 불로 달군 팬에 등심을 넣고 뒤집어가며
   갈색이 될 때까지 4분간 굽는다.

2 소스 1/2분량을 넣고 센 불에서
   1분간 볶은 후 덜어둔다.

3 팬을 닦고 다시 달군 후 채소를 올려 센 불에서
   뒤집어가며 3분간 노릇하게 굽는다.
   불을 끄고 남은 소스를 부은 후 버무려
   구운 고기에 곁들인다.

△
TIP **쇠고기 등심을 닭다릿살로 대체하기**
동량(400g)의 닭다릿살로 대체해도 좋다.
한입 크기로 썬 후 과정 ①에서
중간 불에서 4~5분간 굽는다.

치즈 닭윙구이

▽ 2~3인분

집에서 준비하기
⏱ 15~25분

닭윙 약 15개(350g)

1 2~3군데 칼집을 넣은 후
밑간(청주 2큰술 +
소금 1/2작은술 +
통후추 간 것 약간)과
버무려 10분간 둔다.

2 감자전분 1/2컵(70g)과
버무려 지퍼백에 담는다.

파마산 치즈가루 2큰술
+소금 약간

식용유 5큰술

별다른 양념 없이 갓 구운 윙에 파마산
치즈가루만 톡톡! 치킨 전문점이 안 부럽다.

밖에서 요리하기
🕐 **15~25분**

1 달군 팬에 식용유, 닭윙을 넣어 중간 불에서
   뒤집어가며 8~10분간 노릇하게 굽는다.
   ★ 젓가락으로 찔렀을 때 핏물이 나오지 않으면
   다 익은 것이다.

2 종이 포일(또는 체)에 올려 기름을 뺀 후
   뜨거울 때 파마산 치즈가루 + 소금을 뿌린다.

 곁들이면 좋은 딥핑 소스
레몬 마요 소스 설탕 1큰술 + 레몬즙 1큰술 +
마요네즈 5큰술 + 소금 약간
스위트칠리 소스 토마토케첩 3큰술 + 고추장 1큰술
+ 올리고당 1큰술 + 레몬즙 1작은술

닭윙을 닭봉으로 대체하기
동량(350g)의 닭봉으로 대체해도 좋다.
식용유의 양을 1/2컵(100㎖)으로 늘리고,
과정 ①에서 굽는 시간을 13~15분으로 늘린다.

버섯 두부수프

두부로 농도를 내 더 담백하고 더 부드럽다!

▽ 2~3인분

집에서 준비하기
⏱ 20~30분

한입 크기로 썬 양송이버섯 10개(200g) + 한입 크기로 썬
양파 1/2개(100g) + 생식두부 1팩(140g) + 우유 3컵(600㎖)
+ 파마산 치즈가루 4큰술 + 올리브유 2큰술

청정원 쉐프의
허브 약간
**(또는 통후추 간 것
+ 소금 약간)**

1 냄비에 올리브유, 양송이버섯, 양파를 넣고
  중간 불에서 5분간 노릇하게 볶는다.

2 믹서에 ①, 두부, 우유, 파마산 치즈가루를 넣고
  갈아 밀폐용기에 담는다.

밖에서 요리하기
⏱ 5~10분

1 냄비에 간 재료를 넣고 중간 불에서 끓어오르면
  2분간 저어가며 끓인다.

2 청정원 쉐프의 허브를 넣고, 소금으로 부족한 간을 더한다.

△ Tip **생식두부를 다른 재료로 대체하기**
동량(140g)의 연두부로 대체해도 좋다.

초콜릿 바나나샌드

잘 익은 바나나일수록 더 맛있다!

▽ 2~3인분

집에서 준비하기
⏱ 5~10분

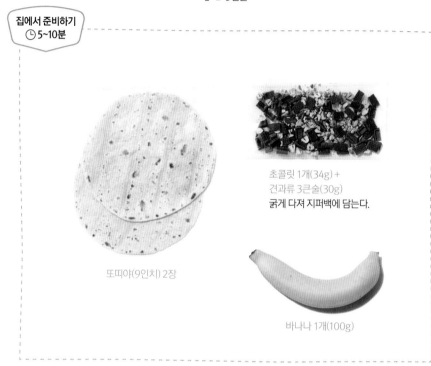

초콜릿 1개(34g) +
견과류 3큰술(30g)
굵게 다져 지퍼백에 담는다.

또띠야(9인치) 2장

바나나 1개(100g)

밖에서 요리하기
⏱ 5~15분

1 바나나는 0.5cm 두께로 썬다.

2 2장의 또띠야 1/2지점까지 초콜릿, 견과류,
   바나나를 나눠 올리고 반으로 접는다.
   ★ 또띠야는 자연해동한 후 사용해야 부서지지 않는다.

3 달군 팬에 ②를 올리고 약한 불에서 2분 30초,
   뒤집어 1분간 눌러가며 굽는다.

△ TIP **바나나를 다른 과일로 대체하기**
동량(100g)의 딸기, 복숭아 등 말랑한 과일로 대체해도 좋다.

캠핑의 꽃, 바비큐 잘 즐기는 법

캠핑 요리를 떠올릴 때 가장 먼저 생각나는 것은? 바로 바비큐이지요.
직화로 구워도 좋고, 팬에 구워도 좋은, 분위기로 이미 절반은 맛있는 그 고기!
잘 즐기는 방법을 소개합니다.

특성에 맞춰 잘 굽기

1 양념이 된 고기

주물럭, 제육볶음, 양념갈비, LA갈비, 불고기 등
양념이 된 고기는 타기 쉬우므로 굽는 도중
자주 뒤집어주는 것이 좋다. 만약 직화로
굽는다면 판을 자주 갈아주는 것도 방법.
또 하나, 불 세기를 너무 세게하지 않는다.

2 기름이 많은 고기

가장 많이 즐기는 삼겹살이 대표적. 그 외에
쇠고기 등심이나 닭다릿살이 기름이 많은
고기에 속한다. 팬에 구울 경우는 문제가 없지만
직화로 구웠을 때 구멍이 뚫린 판 아래로 기름이
떨어져서 연기가 많이 나고 불이 붙어 탈 수
있으므로 가급적 팬에 굽거나 직화 시에는
쿠킹 포일을 깔고 굽는 것이 좋다.

3 퍽퍽한 고기

닭가슴살, 목살과 같이 기름이 적은 고기는
구웠을 때 자칫하면 퍽퍽, 건조해질 수 있다.
이럴 때는 약간의 오일 마사지가 방법.
올리브유나 버터 등을 고기에 살짝
바른 후 뒀다가 굽는다.

TIP 해산물

해산물은 굽는 과정에서 머금고 있던
불순물이 나오는 경우가 있다. 이 불순물에는
바다의 염분이 섞여 있어 팬에 구울 경우
팬이 상하기 쉬우므로 종이 포일을 깔고
굽는 것이 좋다.

더 맛있게 즐기기

1 덩어리째 굽기

고기는 불에 닿는 표면적이 적을수록 육즙을
잘 품고 있어 더욱 촉촉한 상태로 즐길 수 있다.
즉, 썰어서 굽는 것보다 통째로 구운 후
써는 것이 더 좋다. 단, 양념된 고기는
자주 뒤집기 쉽도록 썰어서 굽는 것을 추천.

2 충분히 달구기

모든 고기는 충분히 달군 후에 올려야 한다.
그렇지 않고 약한 불에서 구우면 고기가 가진
육즙이 빠져 나오면서 살이 퍽퍽해진다.

3 고기에 향을 더하기

'문지르다'의 의미인 럽(rub)은 고기에
향신료, 조미료를 문질러 향을 더하는 작업을
말한다. 어려울 것 없이 허브류나 시즈닝
가루류(칠리파우더, 카레가루), 시트러스류
껍질(레몬, 오렌지, 라임 등), 통후추, 올리브유
등을 고기에 발라 최소 1시간 정도 두면 된다.

4 바비큐 용품 활용하기

큰 도구는 부피가 크고 비용이 비싸
활용도가 낮다. 대신, 부담 없는 가격에
보관 걱정 없는 조리도구를 사용해보자.
삼나무로 만든 나무판인 플랭크는 물에
1시간 정도 담가둔 후 고기를 얹고 직화로
구우면 고기에 훈제향이 더해지는 제품.
또는 훈연칩이나 훈연톱밥을 숯에 더해 구워도
이색적이다. 인터넷에서 1만 원내 구입 가능.
사진 제공 바베큐타운(www.bbqtown.co.kr)

★
어묵
김치찌개

Set 4

해산물 바비큐가 당길 때

메인 해산물 플래터
서브 베이컨 숙주볶음
국물 어묵 김치찌개
간식 시나몬 버터 & 빵

★
시나몬
버터 & 빵

★
베이컨
숙주볶음

★
해산물
플래터

이런 재료가 필요해요!

장보기 리스트

조리 도구

채소
☐ 숙주 1봉(200g)
☐ 쪽파 29줄기(약 240g)
☐ 청양고추 2개

해산물
☐ 국물용 멸치 20마리(20g)
☐ 다시마 5×5cm 2장
☐ 해산물(조개, 오징어, 새우, 전복 등) 1~2kg
　　★ 신선함이 생명인 해산물은
　　현지에서 구입하는 것을 추천!

가공 식품
☐ 구이용 치즈 1봉(125g)
☐ 모닝빵 6개(또는 크래커, 식빵)
☐ 베이컨 1봉(105g)
☐ 사각어묵 4장(200g)
☐ 익은 배추김치 1과 1/3컵(200g)

양념류
☐ 고춧가루　　☐ 참기름
☐ 국간장　　　☐ 초고추장(13쪽)
☐ 굴소스　　　☐ 통깨
☐ 꿀　　　　　☐ 통후추
☐ 다진 마늘　　☐ 후춧가루
☐ 레몬즙
☐ 마요네즈
☐ 맛술
☐ 무염버터
☐ 설탕
☐ 소금
☐ 스리라차 소스
☐ 시나몬가루
☐ 식용유
☐ 양조간장

동남아식 매운 소스.
매콤하게 즐기고
싶을 때 사용해요.

☐ 냄비(지름 16cm 이상) 1개
☐ 집게
☐ 팬(지름 26cm 이상) 1개

함께 먹으면 더 좋아요!

사이드 메뉴

황태채 1컵(20g)을 잘게 자른다.
달군 팬에 식용유 1작은술과
함께 넣고 약한 불에서 5분,
올리고당 2작은술을 넣고 1분간
볶는다. 소스(마요네즈 3큰술 +
양조간장 1작은술 + 연와사비
1/4작은술)에 찍어 먹는다.

황태까까

취하지 않을 것 같은 달콤한 막걸리.
막걸리 1병(750㎖)에 사이다
1캔(190㎖), 꿀을 듬~뿍 넣으면 완성.

꿀막걸리

해산물 플래터

▽ 3~4인분

집에서 준비하기
⏱ 20~30분

쪽파 20줄기(160g)
5cm 길이로 썰어 지퍼백에 담는다.

간장 소스
송송 썬 쪽파 2줄기(16g) +
양조간장 1큰술 +
맛술 1/2큰술 +
고춧가루 1작은술 +
통깨 1작은술 +
다진 마늘 1/2작은술

쪽파 초고추장
송송 썬 쪽파 1줄기(8g) +
초고추장(13쪽) 4큰술 +
통깨 1작은술

매콤 마요 소스
스리라차 소스(또는 핫소스)
1큰술 + 마요네즈 3큰술
+ 다진 마늘 1/2작은술 +
레몬즙 1작은술

구이용 치즈 1봉(125g)
한입 크기로 썰어 지퍼백에 담는다.

통후추 간 것 약간

소금 약간

현지에서 구입하기

해산물(조개, 오징어,
새우, 전복 등) 1~2kg
해산물 손질하기 66쪽

해산물의 감칠맛, 싱싱함을
제대로 맛볼 수 있는 플래터.
구운 쪽파의 단맛이 매력적이다.

밖에서 요리하기
🕐 **30~40분**

1 해산물(조개, 오징어, 새우, 전복 등)은 손질한다.
   ★ 해산물 손질하기 66쪽

2 달군 팬(또는 석쇠)에 해산물을 올려
   센 불에서 3~6분간 노릇하게 굽는다.
   통후추 간 것을 뿌린 후 그릇에 덜어둔다.
   ★ 새우는 껍질이 주황색이 되면,
   오징어는 불투명한 선홍빛이 되면,
   조개는 입을 벌리면,
   전복은 단단해지면 다 익은 것이다.

3 달군 팬에 쪽파, 구이용 치즈를 올려
   중간 불에서 2분간 뒤집어가며
   노릇하게 구운 후 그릇에 담는다.

4 원하는 소스를 곁들인다.

△
Tip **구이용 치즈를 다른 재료로 대체하기**
동량(약 120g)의 소시지로 대체해도 좋다.

베이컨 숙주볶음

▽ 2~3인분

집에서 준비하기
ⓒ 15~25분

숙주 1봉(200g)

쪽파 2줄기(16g)
송송 썰어 지퍼백에 담는다.

양념
맛술 1/2큰술 + 양조간장 1작은술
+ 굴소스 1작은술 + 참기름
1/2작은술 + 후춧가루 약간

베이컨 1봉(105g) + 청양고추 1개 +
다진 마늘 1작은술
베이컨은 2cm 길이로 썰고, 청양고추는
송송 썬다. 다진 마늘과 함께 지퍼백에 담는다.

식용유 5큰술

먹기 직전에 볶아 숙주의 아삭함을
살리는 것이 관건!

밖에서 요리하기
🕐 10~20분

Ⅰ 달군 팬에 식용유, 베이컨, 청양고추,
  다진 마늘을 넣어 중간 불에서 2분,
  숙주를 넣고 센 불로 올려 1분간 볶는다.

2 쪽파, 양념을 넣고 센 불에서 1분간 볶는다.

Tip   **베이컨을 다른 재료로 대체하기**
프랑크소시지 1개(60g) 또는 대패 삼겹살 100g으로
대체해도 좋다. 프랑크소시지는 0.5cm 두께로,
대패 삼겹살은 한입 크기로 썬 후 사용한다.
마지막에 소금으로 부족한 간을 더한다.

어묵 김치찌개

어묵과 김치를 푹 끓여 국물에 진한 감칠맛이 녹아 있다.

▽ 2~3인분

집에서 준비하기
ⓘ 30~40분

쪽파 4줄기(32g) +
청양고추 1개
송송 썰어
지퍼백에 담는다.

사각어묵 4장(200g) +
익은 배추김치 1과 1/3컵(200g)
어묵, 김치를 한입 크기로
썬 후 양념(고춧가루 1큰술 +
설탕 1작은술 + 다진 마늘
1작은술 + 후춧가루 약간)과
버무려 지퍼백에 담는다.

국물용 멸치 20마리(20g)
+ 다시마 5×5cm 2장 +
물 3와 1/2컵(700㎖)
냄비에 넣고 중약 불에서
25분간 끓인다.
완전히 식힌 후
밀폐용기에 담는다.

밖에서 요리하기
ⓘ 20~30분

1 냄비에 쪽파, 청양고추를 제외한 모든 재료를 넣고
중간 불에서 끓어오르면 10분간 끓인다.

2 쪽파, 청양고추를 넣고 약한 불에서 5분간 끓인다.
★ 소금으로 부족한 간을 더해도 좋다.

시나몬 버터 & 빵

시나몬 버터 하나면 평범한 빵이 특별해진다!

▽ 6개분

집에서 준비하기
🕐 10~20분

모닝빵 6개(또는 크래커, 식빵)
마르지 않게 지퍼백에 담는다.

시나몬 버터
실온에 둔 무염버터 5큰술 +
꿀 2큰술 + 시나몬가루
1작은술 + 소금 약간

밖에서 요리하기
🕐 5분

ㅣ 모닝빵에 시나몬 버터를 발라 먹는다.

Tip **시나몬가루 대체하기**
동량(1작은술)의 코코아가루, 녹차가루로 대체해도 좋다.

버터 사용하기
가염버터를 사용할 경우 소금은 생략한다.

★
코울슬로

★
조개찜 &
파스타

056

★
오징어떡볶이

Set 5

진정한 고수는 해산물을 쩌 먹지

메인 조개찜 & 파스타
서브 오징어떡볶이
곁들임 코울슬로
간식 렌치 핫도그

★
렌치 핫도그

이런 재료가 필요해요!

장보기 리스트

조리 도구

채소
- □ 대파 35cm
- □ 마늘 10쪽(50g)
- □ 양배추 7장(210g)

해산물
- □ 오징어 1마리(240g, 손질 후 180g)
- □ 조개(바지락, 모시조개 등) 1.5~2kg
  - ★ 신선함이 생명인 해산물은
    현지에서 구입하는 것을 추천!

가공식품
- □ 떡볶이 떡 200g
- □ 스파게티 1과 1/2줌(120g)
- □ 프랑크소시지 2개(120g)
- □ 핫도그 빵 2개

은근 고소한 맛이 있어
그냥 먹어도 맛있어요.
마트에서 구입 가능!

양념류
- □ 고추장
- □ 고춧가루
- □ 다진 마늘
- □ 레몬즙
- □ 마요네즈
- □ 머스터드
- □ 무염버터
- □ 소금
- □ 설탕
- □ 식용유
- □ 양조간장
- □ 청주
- □ 크러시드페퍼
- □ 후춧가루

멕시코의 붉은고추를
굵게 빻은 것.
청양고추보다 더 매워요.

조리 도구
- □ 계량컵
- □ 깊은 팬
  (지름 26cm 이상) 2개
- □ 볼
- □ 주걱
- □ 팬(지름 26cm 이상) 1개
- □ 팬 뚜껑

함께 먹으면 더 좋아요!

사이드 메뉴

따뜻한 밥 1공기(200g)에
부순 조미김 1봉,
소스(마요네즈 2큰술 + 통깨 1작은술 +
후춧가루 약간)를 넣고 섞는다.
조물조물 만들면 고소~한
고소고소 주먹밥 완성.

고소고소 주먹밥

레드와인 1병(750㎖)에
과일주스 1병(200㎖), 꿀 2큰술,
그리고 먹고 남은 각종 과일 200g을
섞는다. 서늘한 곳에 반나절 두면
진한 맛의 상그리아가 된다.

상그리아

조개찜 & 파스타

▽ 3~4인분

집에서 준비하기
🕐 15~20분

마늘 10쪽(50g)
편 썰어 지퍼백에 담는다.

대파 10cm
송송 썰어
지퍼백에 담는다.

스파게티 1과 1/2줌(120g)
랩으로 감싼다.

크러시드페퍼
1/2작은술
(또는 고춧가루)

무염버터 1큰술
종이 포일로 감싼 후
지퍼백에 담는다.

청주 1/2컵(100㎖)

현지에서 구입하기

조개(바지락,
모시조개 등) 1.5~2kg
조개 손질하기 66쪽

060

쫄깃한 조개 먼저 쏙쏙 먹고~
감칠맛 좋은 국물은 파스타로!

밖에서 요리하기
🕐 **30~40분**

Ⅰ 조개는 손질한다.
  ★ 조개 손질하기 66쪽

2 깊은 팬을 달궈 버터, 마늘, 조개를 넣고
  센 불에서 3분, 청주를 넣고 뚜껑을 덮어
  조개의 입이 벌어질 때까지 5~8분간 찐다.
  불을 끄고 조개만 먼저 건져 먹는다.

3 ②의 팬에 남은 국물에 물 4컵(800㎖)을 넣는다.
  중간 불에서 바글바글 끓어오르면
  스파게티 면을 반으로 부숴 넣고
  뚜껑을 덮어 10분간 끓인다.

4 대파, 크러시드페퍼를 넣는다.
  ★ 소금으로 부족한 간을 더하거나,
  통후추 간 것을 뿌려도 좋다.

오징어떡볶이

▽ 2~3인분

집에서 준비하기
ⓘ 15~25분

양념
설탕 2큰술 + 고춧가루 2큰술 + 양조간장 1큰술 + 고추장 2큰술 +
후춧가루 1/4작은술 + 다진 마늘 1작은술

오징어 1마리(240g, 손질 후 180g)
손질(68쪽)한 후 양념 1/2분량과
버무려 지퍼백에 담는다.

떡볶이 떡 200g
양념 1/2분량과 버무려
지퍼백에 담는다.

식용유 1큰술

양배추 2장(손바닥 크기, 60g)
+ 대파 20cm
한입 크기로 썰어 지퍼백에 담는다.

자작한 국물 덕분에
밥을 볶아 먹기도, 안주로도 제격!

밖에서 요리하기
⏱ 20~25분

1 깊은 팬을 달궈 식용유, 떡볶이 떡을 넣어
   중간 불에서 2분, 물 2컵(400㎖)을 넣어 끓인다.

2 바글바글 끓어오르면 오징어를 넣고
   중간 불에서 5분,
   양배추, 대파를 넣어 2분간 저어가며 끓인다.

🔺 **오징어를 다른 재료로 대체하기**
동량(손질 후 180g)의 주꾸미 4~5마리,
낙지 2~3마리로, 또는 떡볶이 떡 200g으로
대체해도 좋다.

오징어를 현지에서 구입했다면?
손질(68쪽)한 후 양념 1/2분량과 버무려
15분간 재워둔 후 사용한다.

떡볶이 떡 사용하기
냉동 또는 딱딱한 떡볶이 떡은 끓는 물에서
1분간 말랑할 때까지 데친 후 사용한다.

코울슬로

새콤하고 고소한 인기 패스트푸드점 코울슬로 소스 비법 공개!

▽ 2~3인분

집에서 준비하기
⏱ 15~20분

소스
설탕 1/2큰술 + 레몬즙 1큰술
+ 마요네즈 2큰술 + 소금
1/2작은술 + 머스터드 1작은술
+ 후춧가루 약간

양배추 5장(손바닥 크기, 150g)
0.5cm 두께로 채 썰어 지퍼백에 담는다.

밖에서 요리하기
⏱ 5분

Ⅰ 볼에 모든 재료를 넣어 섞는다.
★ 미리 만들어 냉장실에 1시간 정도 두면 더 맛있다.

렌치 핫도그

마요네즈, 요구르트 등을 섞은 미국 대표 드레싱 렌치! 핫도그와 만나다.

▽ 2개분

집에서 준비하기
🕐 10~20분

대파 5cm
송송 썰어 지퍼백에 담는다.

렌치 소스
설탕 1/2큰술 + 레몬즙 2큰술 +
마요네즈 4큰술 + 후춧가루 약간

크러시드페퍼 약간

핫도그 빵 2개(또는 식빵)
마르지 않도록
지퍼백에 담는다.

프랑크소시지
2개(120g)
0.5cm 간격으로
칼집을 넣고
지퍼백에 담는다.

밖에서 요리하기
🕐 10~20분

1 달군 팬에 핫도그 빵, 소시지를 넣어
   중간 불에서 2분간 노릇하게 굽는다.

2 핫도그 빵에 모든 재료를 나눠 넣는다.

△ TIP **렌치 소스를 다른 재료로 대체하기**
코울슬로(64쪽)를 더해도 좋다.

해산물, 야무지게 손질하는 법

현지에서 구입한 해산물이 가장 싱싱한 법.
그곳에서 만난 해산물, 손질법만 알면 요리의 반은 성공한 것이지요.

조개

Ⅰ 잠길 만큼의 소금물에 담가
쿠킹 포일을 덮어 30분간 해감 시킨다.

2 다시 볼에 조개, 잠길 만큼의 물을 담고 서로
비벼가며 씻은 후 물기를 뺀다. ★ 크기가 큰 조개
(피조개, 가리비)는 솔로 문질러 씻어도 좋다.

Tip 조개 익히기

크기가 비슷한 것끼리 익히는 것이 좋다.

삶기 크기가 큰 조개 10~12개(피조개, 가리비 등, 600g 이하)

1 끓는 물(6컵)에 조개를 넣고
입이 벌어질 때까지 중간 불에서 6~7분간 삶는다.
2 살을 발라내고 주변에 붙은 불순물은 씻어낸다.

찌기 크기가 작은 조개 2봉(모시조개, 바지락 등, 400g 이하)

1 찜기 1/2지점까지 물을 붓고 뚜껑을 덮어
끓어오르면 조개를 넣는다.
2 뚜껑을 덮어 중간 불에서 입이 벌어질 때까지 4~5분간 찐다.

굽기 크기가 작은 조개 2봉(모시조개, 바지락 등, 400g 이하)

1 달군 팬에 조개를 겹치지 않도록 펼쳐 넣고 올려
입이 벌어질 때까지 센 불에서 8~10분간 굽는다.
★ 팬이 상할 수 있으므로 종이 포일을 깐 후
조개를 올려도 좋다.

전복

1 굵은 소금을 뿌린 후 조리용 솔로
  살과 껍데기를 구석구석 씻는다.

2 껍데기와 살 사이에 숟가락을 넣고 힘주어 분리한다.
  ★ 살아 있는 전복일수록 숟가락을 넣고
  분리하는 것이 더 어렵다.

3 살에 붙은 내장을 잘라낸다.
  ★ 신선한 내장은 죽이나 볶음에 활용하면 좋다.

4 전복의 입 부분을 가위로 자르고
  힘주어 이빨을 제거한다.

5 씻은 후 껍데기가 붙어있지 않던 쪽에
  칼집을 넣거나 한입 크기로 썬다.

내장

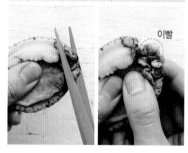

이빨

△TIP △ 전복 굽기

싱싱한 전복은 내장을 함께 먹어도 좋다.

전복 5개(작은 것, 250g)

1 달군 팬에 버터 1큰술, 다진 마늘 1/2작은술을 넣고
  전복의 칼집 낸 부분이 팬의 바닥에 닿도록 넣는다.
2 약한 불에서 앞뒤로 뒤집어가며 4~5분간 노릇하게
  굽는다.

오징어

1. 몸통에 손을 넣어 내장을 당겨 뺀다.
2. 내장과 다리의 연결 부분을 잘라 내장을 제거한다.
3. 가위로 눈을 자른다.
4. 다리의 빨판을 손가락으로 훑어 제거한다.
5. 씻은 후 그대로, 또는 한입 크기로 썬다.

내장

Tip 오징어 삶기
불투명해지면 다 익은 것. 오래 삶으면 질겨진다.

손질한 오징어 2마리(480g, 손질 후 360g)

1 끓는 물에 손질한 오징어를 넣는다.
2 뚜껑을 덮어 센 불에서 불투명해질 때까지
　2분~2분 30초간 삶는다. 체에 밭쳐 물기를 뺀다.

주꾸미

1 머리 한쪽을 길게 잘라 머리를 뒤집는다.

2 머리 속의 내장을 제거한다. 이때, 내장 옆에
  알이 있다면 알이 터지지 않게 내장을 살살 제거한다.

3 가위로 눈을 자른다. 다리를 뒤집어 안쪽에 있는
  입 주변을 조금 자른 후 양옆을 눌렀을 때
  튀어 나오는 단단한 것을 제거한다.

4 볼에 밀가루(주꾸미 5마리당 1큰술)와 함께
  넣고 맑은 물이 나올 때까지 바락바락 주물러 씻는다.

5 씻은 후 그대로, 또는 한입 크기로 썬다.

알

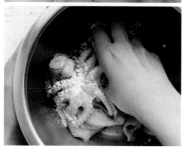

△ TIP 주꾸미 삶기

불투명해지면 다 익은 것. 오래 삶으면 질겨진다.

주꾸미 10마리(700g, 손질 후 500g)

1 끓는 물에 손질한 주꾸미를 넣는다.
2 뚜껑을 덮어 센 불에서 불투명해질 때까지
  1분~1분 30초간 삶는다. 체에 밭쳐 물기를 뺀다.

꽃게

1 조리용 솔로 껍데기를 구석구석 씻는다.
   ★살아 있는 꽃게는 배딱지 쪽에 뜨거운 물을 붓거나
   냉동실에 잠깐 넣어둬 기절 시킨 후 손질한다.

2 배딱지를 든다.

3 배딱지 사이에 손가락을 넣고 몸통과
   게딱지를 분리한다. 이때, 몸통에
   내장, 알이 있다면 흐르지 않도록 주의한다.

4 다리 끝, 몸통에 달린 입, 아가미를 제거한다.
   씻은 후 그대로, 또는 2~4등분한다.

Tip 꽃게 익히기

암꽃게

수꽃게

• 봄에는 알이 꽉찬 암꽃게가,
  가을에는 살이 꽉찬 수꽃게가 맛있다.
• 암꽃게는 배딱지가 둥근 모양이고,
  수꽃게는 삼각형 모양인 것이 특징.

찌기 꽃게 3마리(600g)

1 찜기의 1/2지점까지 물을 붓고
  뚜껑을 덮어 끓어오르면 손질한 꽃게를
  게딱지가 찜판에 닿도록 눕혀 넣는다.
2 뚜껑을 덮고 중간 불에서 15분,
  불을 끄고 10분간 그대로 둔다.

볶기 꽃게 3마리(600g)

1 손질한 꽃게는 2~4등분한다.
2 달군 팬에 식용유 약간, 꽃게를 넣고 중간 불에서
  껍데기가 붉은색이 될 때까지 4~5분간 볶는다.

새우

1 이쑤시개로 등의 두 번째와
세 번째 마디 사이를 찔러 내장을 제거한다.

2 긴 수염과 입을 제거한다.

3 꼬리 쪽에 물총을 제거한다.

4 다리를 제거한 후 씻는다.
그대로, 또는 껍질을 벗겨 요리에 활용한다.

TIP 새우 굽기

• 주황색이 되면 다 익은 것. 오래 구우면 질겨진다.
• 우리나라에서 만날 수 있는 새우의 제철은 가을.
주로 대하가 있다.

새우 10마리(중하, 300g)

1 팬에 종이 포일을 깐다. 굵은 소금을 1cm 두께로
펼쳐 담고 센 불에서 1분간 둔다.

2 손질한 새우를 겹치지 않도록 펼쳐 넣고
중간 불에서 앞뒤로 뒤집어가며
주황색이 될 때까지 4~5분간 굽는다.

★
누룽지
달걀탕

★
채소스틱&
쌈장

★
콘치즈

072

매콤 칼칼하게 포장마차 스타일

메인 주꾸미 삼겹살볶음
서브 누룽지 달걀탕
곁들임1 채소스틱 & 쌈장
곁들임2 콘치즈

★ 주꾸미
삼겹살볶음

이런 재료가 필요해요!

장보기 리스트

채소
☐ 각종 채소(오이, 당근, 셀러리 등) 200g
☐ 당근 1/4개(50g)
☐ 대파 40cm
☐ 쌈 채소 200g
☐ 양파 1/2개(100g)

육류 및 난류
☐ 달걀 2개
☐ 삼겹살 300g

해산물
☐ 다시마 5×5cm 4장
☐ 주꾸미 10~13마리
　　(700g, 손질 후 500g)

가공식품
☐ 누룽지 50g
☐ 슈레드 피자치즈 1봉(100g)
☐ 통조림 옥수수 1캔
　　(큰 것, 340g)

100g씩
소포장된 제품을
구입하세요!

양념류
☐ 고추장
☐ 고춧가루
☐ 다진 마늘
☐ 마요네즈
☐ 설탕
☐ 소금
☐ 쌈장(12쪽)
☐ 양조간장
☐ 참기름
☐ 청주
☐ 통깨
☐ 후춧가루

조리 도구

☐ 계량컵
☐ 냄비(지름 16cm 이상) 1개
☐ 주걱
☐ 팬(지름 20cm) 1개
☐ 팬(지름 26cm 이상) 1개

함께 먹으면 더 좋아요!

사이드 메뉴

주꾸미 삼겹살볶음(76쪽)을
먹고 난 후 남은 양념에 밥을 볶자.
마지막에 참기름, 조미 김을
넣는 것이 포인트!
싱겁다면 고추장으로 간을 더한다.

자투리 볶음밥

누룽지강정

식용유를 두른 팬에 큼직한
누룽지 1장을 넣고 튀긴 후
한입 크기로 부순다.
팬에 양념(통깨 2큰술 + 토마토케첩
4큰술 + 설탕 1작은술 + 양조간장
1/2작은술 + 고추장 1작은술 +
물 1/2컵(100㎖))을 넣고 끓어오르면
튀긴 누룽지를 넣고 살살 버무려 완성.

주꾸미 삼겹살볶음

▽ 3~4인분

집에서 준비하기
🕐 30~40분

주꾸미 10~13마리(700g, 손질 후 500g) +
삼겹살 300g + 양파 1/2개(100g) +
당근 1/4개(50g) + 대파 20cm

통깨 소스
통깨 간 것 3큰술 +
마요네즈 5큰술

1 손질한 주꾸미, 삼겹살, 양파, 당근, 대파를
   한입 크기로 썬다.

2 양념(고춧가루 2큰술 + 설탕 1과 1/2큰술 +
   다진 마늘 1큰술 + 청주 1큰술 +
   양조간장 1큰술 + 고추장 1과 1/2큰술 +
   후춧가루 약간)과 버무려 지퍼백에 담는다.

센 불에서 한꺼번에 볶아
불 맛도, 양념 맛도 살렸다.

밖에서 요리하기
⏱ 10~15분

1 달군 팬에 양념한 주꾸미, 채소를 넣고
   센 불에서 8분간 국물이 자작하게
   남을 때까지 볶는다.

2 통깨 소스에 찍어 먹거나
   쌈 채소(80쪽)에 싸 먹는다.

△ **TIP 주꾸미를 다른 재료로 대체하기**
동량(손질 후 500g)의 오징어 2~3마리,
낙지 7마리로 대체해도 좋다. 이때, 오징어는
과정 ①에서 볶는 시간을 5분으로 줄인다.

주꾸미를 현지에서 구입했다면?
손질(69쪽)한 후 각종 재료, 양념과
함께 버무려 20분간 재워둔 후 사용한다.

매콤하게 즐기기
송송 썬 청양고추 2개를 주꾸미와 함께 넣어 볶는다.

누룽지 달걀탕

▽ 2~3인분

집에서 준비하기
⏱ 15~25분

달걀 2개 + 송송 썬 대파 20cm
밀폐용기에 담는다.

양념
소금 1/2작은술 +
다진 마늘 1작은술 +
양조간장 1작은술 +
참기름 1작은술

누룽지 50g
한입 크기로 부순 후
지퍼백에 담는다.

다시마 5×5cm 4장

달걀탕에 양념을 더해 감칠맛이 살아 있고
누룽지를 넣어 더욱 든든하다.

밖에서 요리하기
⏱ 15~20분

Ⅰ 냄비에 물 3컵(600㎖), 다시마를 넣고
  센 불에서 끓어오르면 중간 불로 줄여
  5분간 끓인 후 다시마를 건져낸다.

2 양념을 넣고 중간 불에서 끓인다.

3 끓어오르면 달걀물을 둘러가며 붓고
  누룽지를 넣은 후 중간 불에서 3분간 끓인다.

채소스틱 & 쌈장

젖은 키친타월을 깔고 담아 시간이 지나도 싱싱한 채소!

♡ 2~3인분

집에서 준비하기
⏱ 10~15분

쌈장
12쪽

쌈 채소 200g
밀폐용기에 젖은 키친타월을 깐 후
채소를 담는다.

각종 채소(오이, 당근, 셀러리 등) 200g
밀폐용기에 젖은 키친타월을 깐 후
한입 크기로 썬 채소를 담는다.

밖에서 요리하기
⏱ 5분

┃ 주꾸미 삼겹살볶음(76쪽)과 먹거나, 밥과 함께 먹는다.
채소스틱은 그대로 쌈장에 찍어 먹는다.

콘치즈

리필하느라 눈치 보였던 콘치즈! 이제 맘껏 즐기자. 팬 그대로 먹어야 더 맛있고, 더 재밌다.

▽ 2~3인분

집에서 준비하기
⏱ 10~15분

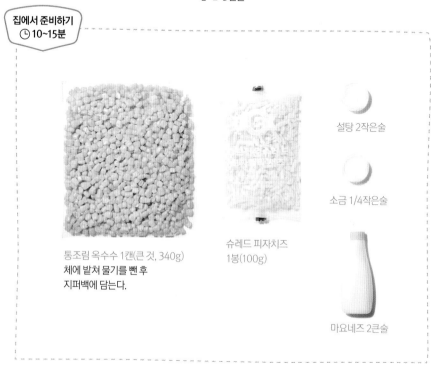

설탕 2작은술

소금 1/4작은술

통조림 옥수수 1캔(큰 것, 340g)
체에 받쳐 물기를 뺀 후
지퍼백에 담는다.

슈레드 피자치즈
1봉(100g)

마요네즈 2큰술

밖에서 요리하기
⏱ 10~15분

1 달군 팬에 통조림 옥수수, 마요네즈를 넣고
중간 불에서 3분, 설탕, 소금을 넣고 1분간 볶은 후 펼친다.

2 슈레드 피자치즈를 뿌린 후
가장 약한 불에서 5분간 치즈를 녹인다.

★
토마토샐러드

★
토마토
커리빠에야

082

낭만이 꿈틀꿈틀~
지중해 느낌 가득

메인 1 올리브유 새우구이
메인 2 토마토 커리빠에야
곁들임 토마토샐러드
간식 치즈 쏙쏙 빵

★
올리브유
새우구이

★
치즈 쏙쏙 빵

이런 재료가 필요해요!

장보기 리스트

조리 도구

채소
- ☐ 마늘 18쪽(90g)
- ☐ 방울토마토 30개(450g)
- ☐ 양파 1/2개(100g)
- ☐ 이탈리안 파슬리 20g
  (또는 말린 허브가루 2큰술)

이국적인 향을 내는
이탈리안 파슬리.

해산물
- ☐ 냉동 생새우살 30마리(450g)

가공식품
- ☐ 블랙올리브 15개(45g)
- ☐ 생 모짜렐라 치즈 1봉(120g)
- ☐ 슬라이스 치즈 5장(100g)
- ☐ 즉석 밥 2개(400g)
- ☐ 하드롤 1개(지름 15cm 정도)

병조림으로
판매해요. 그대로
먹어도, 요리에
활용해도 좋아요.

양념류
- ☐ 고춧가루
- ☐ 다진 양파
- ☐ 레몬즙
- ☐ 설탕
- ☐ 소금
- ☐ 양조간장
- ☐ 올리브유
- ☐ 카레가루
- ☐ 통후추

겉은 단단,
속은 부드러운
빵이에요. 담백한
맛이 특징이지요.

- ☐ 계량컵
- ☐ 냄비(지름 16cm 이상) 1개
- ☐ 주걱
- ☐ 팬(지름 26cm 이상) 2개

함께 먹으면 더 좋아요!

사이드 메뉴

지중해 느낌 가득한 요리에
평범한 맥주를 마시긴 아쉽다!
얇게 썬 레몬 한 조각이면
이색 맥주 탄생.

레몬맥주

달군 팬에 견과류 2컵(200g)을 넣고
중약 불에서 2분간 볶은 후
설탕 2큰술, 올리고당 1과 1/2큰술,
식용유 1큰술을 넣고 4분간 볶는다.
머스터드 1큰술을 넣고 중간 불에서
1분간 볶은 후 펼쳐 식힌다.
위생팩에 파마산 치즈가루와
함께 넣고 살살 버무린다.

허니 머스터드넛츠

올리브유 새우구이

▽ 3~4인분

집에서 준비하기
ⓒ 20~25분

냉동 생새우살 20마리(킹사이즈, 300g)
해동한 후 키친타월로 감싸 물기를 없앤다.
소금 약간 + 통후추 간 것과
버무려 지퍼백에 담는다.

블랙올리브 10개(30g)
2등분해 지퍼백에 담는다.

마늘 15쪽(75g)
편 썰어 지퍼백에 담는다.

올리브유
1/2컵(100㎖)

스페인 인기 요리 '감바스'.
올리브유에 빵을 푹 찍어 먹으면 또 색다른 맛!

Ⅰ 냄비에 올리브유를 넣고
   약한 불에서 2~3분간 마늘 1개를 넣었을 때
   가장자리가 끓을 정도로 달군다.

2 마늘을 넣고 약한 불에서 3분간 튀기듯이 끓인다.

3 생새우살, 블랙올리브를 넣고
   중간 불에서 2분간 뒤집어가며 익힌다.

△
TIP **새우를 현지에서 구입했다면?**
껍질을 벗겨 살만 요리에 활용한다.
이때, 껍질은 따로 모아뒀다가 라면이나
국물 요리에 넣으면 더 진한 감칠맛을 느낄 수 있다.

매콤하게 즐기기
고춧가루 1작은술(또는 크러시드페퍼 1/2작은술)을
생새우살과 함께 넣는다.

도마토 커리빠에야

▽ 3~4인분

집에서 준비하기
🕐 20~30분

냉동 생새우살 10마리(킹사이즈, 150g)
해동한 후 키친타월로 감싸
물기를 없애고 지퍼백에 담는다.

즉석 밥 2개(400g)

양파 1/2개(100g) + 마늘 3쪽(15g)
양파는 1.5×1.5cm 크기로 썰고,
마늘은 얇게 편 썰어 지퍼백에 담는다.

이탈리안 파슬리 10g
(또는 말린 허브가루 1큰술)
잘게 다진 후 지퍼백에 담는다.

방울토마토 10개(150g)
2등분한 후 지퍼백에 담는다.

카레물
물 3/4컵(150㎖) +
카레가루 2큰술 +
양조간장 1큰술 +
고춧가루 1작은술

올리브유 2큰술

스페인 정통 요리 빠에야.
꼭 생쌀로 만들어야 한다? NO!
즉석밥을 활용해 더 간편하게, 더 맛있게!

밖에서 요리하기
🕐 **10~20분**

1 달군 팬에 올리브유, 양파, 마늘을 넣고
  중간 불에서 2분간 볶는다.

2 밥, 생새우살을 넣고 중간 불에서 2분,
  방울토마토, 카레물을 넣고 3분간 볶은 후
  살짝 눌러가며 넓게 펼쳐 불을 끈다.

3 이탈리안 파슬리를 뿌린다.
  소금으로 부족한 간을 더해도 좋다.

 팬 사용하기

팬에 만들어 그대로 즐기는 빠에야.
얇고 넓게 펼치려면 지름 26cm 이상의 팬을
사용하는 것이 좋다.

토마토샐러드

토마토와 아삭한 양파, 솔솔 풍기는 이탈리안 파슬리 향의 이국적인 만남!

▽ 2~3인분

집에서 준비하기
🕐 15~20분

드레싱
설탕 1/2큰술 +
다진 양파 2큰술(20g) +
레몬즙 1큰술 +
올리브유 1큰술 +
소금 약간 + 통후추 간 것 약간

생 모짜렐라 치즈 1봉(120g) +
방울토마토 20개(300g) + 블랙올리브 5개(15g) +
다진 이탈리안 파슬리 10g
모두 한입 크기로 썰어 밀폐용기에 담는다.

밖에서 요리하기
🕐 5분

| 밀폐용기에 드레싱을 붓고 버무린다.

치즈 쏙쏙 빵

빵 한 조각을 쏙~ 빼내는 재미가 있는 빵. 따뜻할 때 먹어야 맛있다.

▽ 2~3인분

집에서 준비하기
🕐 10~20분

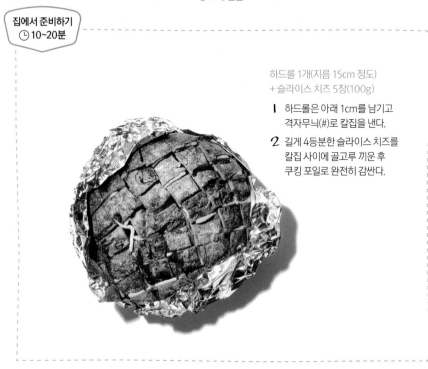

하드롤 1개(지름 15cm 정도)
+ 슬라이스 치즈 5장(100g)

1 하드롤은 아래 1cm를 남기고
격자무늬(#)로 칼집을 낸다.

2 길게 4등분한 슬라이스 치즈를
칼집 사이에 골고루 끼운 후
쿠킹 포일로 완전히 감싼다.

밖에서 요리하기
🕐 10~15분

1 약한 불로 달군 팬에 빵을 쿠킹 포일 그대로 올려
가장 약한 불에서 앞뒤로 각각 3분씩
치즈가 녹을 때까지 굽는다.

2 뜨거울 때 빵을 하나씩 쏙쏙 빼 먹는다.

△ TIP 하드롤을 다른 빵으로 대체하기
통식빵으로 대체해도 좋다.

요리천국 동남아 식탁

메인 1 동남아 스타일 꼬치구이
메인 2 아스파라거스 파인애플볶음밥
곁들임 구운 파인애플샐러드
간식 떠먹는 나초피자

★
동남아 스타일
꼬치구이

★
구운
파인애플샐러드

★
떠먹는
나초피자

★
아스파라거스
파인애플볶음밥

이런 재료가 필요해요!

장보기 리스트

조리 도구

채소
- [ ] 대파(흰 부분) 20cm
- [ ] 방울토마토 10개(150g)
- [ ] 아스파라거스 10개(200g)
- [ ] 양파 1/2개(100g)

맛보다는
식감이 재미있는
채소예요.

육류 및 난류
- [ ] 닭안심 8쪽(200g)

과일
- [ ] 파인애플 링 4개(400g)

해산물
- [ ] 냉동 생새우살 12마리
  (킹사이즈, 180g)

가공식품
- [ ] 그라나파다노 치즈 간 것 4큰술
  (또는 파마산 치즈가루, 28g)
- [ ] 나초 1봉(100g)
- [ ] 배추김치 1/2컵(75g)
- [ ] 블랙올리브 5개(또는 다진 할라피뇨, 15g)
- [ ] 슈레드 피자치즈 1봉(100g)
- [ ] 즉석 밥 2개(400g)
- [ ] 토마토 스파게티 소스 3큰술
- [ ] 통조림 햄 1캔(200g)

양념류
- [ ] 고추기름
- [ ] 땅콩버터
- [ ] 레몬즙
- [ ] 설탕
- [ ] 소금
- [ ] 식용유
- [ ] 액젓
  (멸치 또는 까나리)
- [ ] 양조간장
- [ ] 올리브유
- [ ] 통후추
- [ ] 핫소스

각종 요리에
매운맛을 더하기
편해요.

조리 도구
- [ ] 젓가락
- [ ] 주걱
- [ ] 집게
- [ ] 팬(지름 20cm) 2개
- [ ] 팬(지름 26cm 이상) 1개

함께 먹으면 더 좋아요!

사이드 메뉴

베트남 커피가 맛있는 이유는?
바로 연유!
인스턴트 커피가루와 뜨거운 물을
섞은 후 연유, 얼음을 취향에 따라
듬뿍 넣으면 그 맛이 완성.

연유커피

남은 과일은 무엇이든 좋다.
과일 200g + 쿨피스 1컵(200㎖) +
사이다 1컵(200㎖)의 조화면 끝!
냉장 숙성 시키면 더 달콤하다.

과일화채

동남아 스타일 꼬치구이

▽ 3~4인분

집에서 준비하기
⏱ 30~40분

<u>소스</u>
설탕 1큰술 + 땅콩버터 1큰술 +
레몬즙 1큰술 + 양조간장 1작은술 +
액젓(멸치 또는 까나리) 1작은술

방울토마토 10개(150g) +
대파(흰 부분) 20cm
대파를 한입 크기로 썬 후 방울토마토와
번갈아가며 꼬치에 끼운다.

닭안심 8쪽(200g)
흰색의 힘줄을 제거한 후
소스 1큰술과 버무려 꼬치에 끼운다.

냉동 생새우살 12마리
(킹사이즈, 180g)
해동한 후 키친타월로 물기를 없앤다.
소스 1큰술과 버무려 꼬치에 끼운다.

식용유 3큰술

땅콩버터와 액젓이 킥!
낯설거나 특별한 재료 없이도 동남아 향이 솔솔~

밖에서 요리하기
⏱ 15~20분

1 달군 팬에 식용유 1큰술을 두르고
  닭안심 꼬치를 올려 중간 불에서 3분간
  뒤집어가며 굽는다.

2 팬을 다시 달군 후 식용유 1큰술을 두르고
  새우 꼬치를 올려 중간 불에서
  3분간 뒤집어가며 굽는다.

3 팬을 닦고 다시 달군 후 식용유 1큰술을 두르고
  방울토마토 꼬치를 올려 중간 불에서
  2분간 뒤집어가며 굽는다.

4 그릇에 담고 남은 소스를 곁들인다.

△ TIP **재료 대체하기**
닭안심과 생새우살 중 한 종류만 사용해도 좋다.
이때, 총량은 약 380g이 되도록 한다.
닭안심 대신 동량(200g)의 닭가슴살 2쪽,
닭다릿살 2~3쪽으로 대체해도 좋다.

볶음으로 즐기기
닭안심을 한입 크기로 썬다. 달군 팬에
식용유 1큰술을 두르고 닭안심, 생새우살을
넣어 중간 불에서 3분, 소스와 방울토마토,
대파를 넣고 1분간 볶는다.

아스파라거스 파인애플볶음밥

♡ 3~4인분

집에서 준비하기
🕒 20~25분

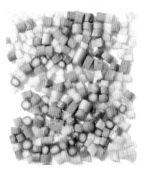

아스파라거스 5개(100g) +
파인애플 링 1개(100g)
아스파라거스는 필러로 섬유질을
제거한다. 아스파라거스,
파인애플은 사방 1cm 크기로
썬 후 지퍼백에 함께 담는다.

즉석 밥 2개(400g)

고추기름 1큰술

통조림 햄 1캔(200g)
사방 1cm 크기로 썬 후
지퍼백에 담는다.

통후추 간 것 약간

양념
양조간장 1과 1/2큰술 +
설탕 1작은술 + 소금 약간

큰직하게 썬 아스파라거스의 톡톡 씹히는
맛이 참 좋은 볶음밥. 고추기름이
느끼함을 잡아준다.

밖에서 요리하기
⏱ **10~20분**

Ⅰ 달군 팬에 고추기름, 아스파라거스, 파인애플,
　통조림 햄을 넣어 중간 불에서 3분간 볶는다.

2 밥, 양념을 넣고 중간 불에서 1분 30초간
　주걱을 세워 밥을 풀어가며 볶은 후
　통후추 간 것을 넣는다.

△
TIP **아스파라거스를 다른 재료로 대체하기**
동량(100g)의 양파 1/2개, 파프리카 1개,
피망 1/2개로 대체해도 좋다.

구운 파인애플샐러드

별다른 재료 없이도 멋이 폭발하는 샐러드.

▽ 2~3인분

집에서 준비하기
⏱ 15~20분

파인애플 링 3개(300g)
2등분한 후 두께를 반으로 저며
지퍼백에 담는다.

아스파라거스 5개(100g)
필러로 섬유질을 제거한다.
2등분한 후 지퍼백에 담는다.

드레싱
레몬즙 1큰술 +
올리브유 1큰술 +
통후추 간 것 약간

그라나파다노 치즈 간 것 4큰술
(또는 파마산 치즈가루, 28g)

소금 약간

식용유 1작은술

밖에서 요리하기
⏱ 10~15분

1 달군 팬에 식용유, 아스파라거스, 소금을 넣어
센 불에서 1분간 볶은 후 덜어둔다.

2 팬을 키친타월로 닦은 후 다시 달궈 파인애플을 올리고
센 불에서 2분간 뒤집어가며 노릇하게 굽는다.

3 그릇에 ①, ②를 담고 드레싱, 그라나파다노 치즈 간 것을 뿌린다.

떠먹는 나초 피자

나초를 부숴 넣어 먹기도 편하고, 모양도 예쁘다. 뜨거울 때 떠먹으면 치즈가 쭈욱~

♡ 2~3인분

집에서 준비하기
🕐 15~20분

나초 1봉(100g)

양파 1/2개(100g) +
배추김치 1/2컵(75g) +
블랙올리브 5개(15g)
한입 크기로 썰어
지퍼백에 담는다.

슈레드 피자치즈
1봉(100g)

양념
토마토 스파게티 소스 3큰술 +
설탕 1/2작은술 + 핫소스 1작은술

식용유 1큰술

밖에서 요리하기
🕐 15~20분

1 나초 봉지의 끝 부분을 살짝 뜯어
   공기를 뺀 후 한입 크기로 부순다.

2 달군 팬에 식용유를 두르고 양파, 배추김치,
   블랙올리브를 넣어 중간 불에서 2분,
   양념을 넣고 1분간 볶는다.

3 피자치즈를 넣어 섞은 후 펼친다.
   약한 불에서 1분간 그대로 둬 치즈를 녹인다.

4 나초를 넣고 뜨거울 때 섞은 후 숟가락으로 떠먹는다.

남은 재료를 활용한 아침밥 아이디어

밖에서 자고 난 다음날 아침이면 느껴지는 찌뿌듯함, 이럴땐 뜨끈한 아침밥이 필요하지요.
부지런하게 준비할 필요 없습니다. 어제 먹고 남은 재료에 간단한 아이디어만 더하면 되거든요.

★ 모든 레시피는 2~3인분 기준

내가 없으면 서운하지 라면

해장 라면
라면 2봉, 한입 크기로 썬 해산물 2컵(200g),
콩나물 1줌(50g), 송송 썬 청양고추 1개

1 냄비에 물, 해산물을 넣고 끓인다.
2 물이 끓어오르면 라면, 콩나물, 청양고추,
  라면 수프 1/2분량을 넣고 끓인다.
3 남은 라면 수프로 부족한 간을 더한다.

어묵 라면
라면 2봉지, 어묵 100g, 송송 썬 대파 20cm

1 라면을 포장지에 적힌 시간보다
  1분간 덜 삶는다.
2 한입 크기로 썬 어묵, 대파를 넣고
  1분간 끓인다.

구수한 맛이 일품인 누룽지

김치 콩나물누룽지
누룽지 2장(100g), 배추김치 1컵(150g),
콩나물 2줌(100g), 국간장 1큰술,
참기름 1큰술

1 끓는 물에 누룽지, 김치, 콩나물을 넣고
  중간 불에서 5분간 끓인다.
2 국간장으로 부족한 간을 더하고
  참기름을 넣는다.

두부누룽지
누룽지 2장(100g), 두부 큰 팩 1모
(찌개용, 300g), 물 4컵(800㎖)

1 냄비에 두부를 넣고 숟가락으로 으깬 후
  물 4컵(800㎖)을 붓는다. 센 불에서
  끓어오르면 누룽지를 넣고 5분간 끓인다.
2 양념간장(다진 파 : 양조간장 : 참기름 =
  1 : 1 : 0.5)을 곁들여도 좋다.

자투리채소 볶음밥

즉석 밥 2개(400g), 잘게 썬 채소 2컵(100g),
쌈장(12쪽, 또는 소금) 약간, 참기름 약간,
김가루 약간

1 달군 팬에 밥, 잘게 썬 채소를 넣고
  중간 불에서 밥이 따뜻해질 때까지 볶는다.

2 쌈장으로 부족한 간을 더한다.
  참기름, 김가루를 뿌린다.

고기 볶음밥

즉석 밥 2개(400g), 잘게 썬 고기 2컵(200g),
양조간장 1과 1/2큰술, 후춧가루 약간

1 달군 팬에 고기를 넣고 중간 불에서
  60% 정도 익을 때까지 볶는다.
  ★ 구워 먹고 남은 고기를 사용할 경우
  과정 ①을 생략한다.

2 밥, 양조간장을 넣고 중간 불에서 2분간
  볶은 후 불을 끄고 후춧가루를 넣는다.
  ★ 남은 채소가 있다면 함께 볶아도 좋다.

자투리 채소죽

즉석 밥 1과 1/2개(300g),
잘게 썬 채소 2컵(100g), 물 3컵(600㎖),
참기름 약간, 양조간장 약간, 소금 약간

1 달군 냄비에 참기름, 잘게 썬 채소를 넣고
  중간 불에서 2분간 볶는다.

2 밥, 물 3컵(600㎖)을 넣고
  국물이 자작하게 남을 때까지
  중간 불에서 10~15분간 끓인다.

3 양조간장, 소금으로 부족한 간을 더한다.

황태죽

즉석 밥 1과 1/2개(300g),
황태채 1컵(30g), 달걀 1개, 물 3컵(600㎖),
참기름 약간, 통깨 약간, 소금 약간

1 황태채를 1cm 길이로 자른다.

2 냄비에 물 3컵(600㎖), 황태채를 넣는다.
  센 불에서 끓어오르면 중간 불로 줄여
  밥, 소금을 넣고 국물이 자작하게
  남을 때까지 5~10분간 끓인다.

3 달걀을 넣고 섞은 후
  중간 불에서 1분간 끓인다.

4 소금으로 부족한 간을 더한다.
  참기름, 통깨를 넣는다.

★ 호떡 또띠야칩

Set 9

옆 텐트에서 구경 올
센스 만점 테이블

메인 닭가슴살 화지타
서브 1 김치 대파볶음밥
서브 2 맛살 시저샐러드
간식 호떡 또띠야칩

★ 김치 대파볶음밥

★
맛살
시저샐러드

★
닭가슴살
화지타

109

이런 재료가 필요해요!

장보기 리스트

조리 도구

채소
- ☐ 대파 70cm
- ☐ 샐러드채소 100g
- ☐ 양파 1/2개(100g)
- ☐ 파프리카 1개(200g)

육류 및 난류
- ☐ 닭가슴살 3쪽
  (또는 닭안심 12쪽, 300g)

가공식품
- ☐ 게맛살 10개(200g)
- ☐ 다진 견과류 8큰술(80g)
- ☐ 또띠야(9인치) 4장
- ☐ 배추김치 1컵(150g)
- ☐ 즉석 밥 2개(400g)
- ☐ 할라피뇨 3개(60g)

양념류
- ☐ 고추장
- ☐ 고춧가루
- ☐ 다진 마늘
- ☐ 레몬즙
- ☐ 마요네즈
- ☐ 설탕
- ☐ 시나몬가루
- ☐ 식용유
- ☐ 양조간장
- ☐ 올리고당
- ☐ 참기름
- ☐ 청주
- ☐ 카레가루
- ☐ 통깨
- ☐ 통후추
- ☐ 파마산 치즈가루
- ☐ 홀그레인 머스터드

- ☐ 볼
- ☐ 주걱
- ☐ 팬(지름 26cm 이상) 2개

독특한 향이 있어
음료, 요리 등에
다양하게 활용해요.

짭조름한 맛이 있어
간을 조절하기에도
제격이에요.

겨자의 씨까지
함께 들어 있는 것.
톡 쏘는 맛이 매력적.

함께 먹으면 더 좋아요!

사이드 메뉴

삶은 옥수수 2개에
소스(소금 1/3작은술 +
다진 마늘 2작은술 +
올리브유 2작은술 +
통후추 간 것 약간)를 바른 후
약한 불에서 굴려가며
5분간 굽는다.

옥수수구이

칵테일의 한 종류인 마가리타.
파인애플 주스, 탄산수,
소주를 동량으로 섞는다.
취향에 따라 레몬즙을 더해도 좋다.

파인애플 마가리타

닭가슴살 화지타

▽ 3~4인분

집에서 준비하기
⏱ 25~30분

파프리카 1개(200g) +
양파 1/2개(100g) + 대파 20cm
파프리카, 양파는 1cm 두께로 썰고,
대파는 2등분한 후 열십(+)자로
4등분한 다음 지퍼백에 담는다.

또띠야(9인치) 3장

닭가슴살 3쪽
(또는 닭안심 12쪽, 300g)
1cm 두께로 썬 후 밑간(카레가루
2큰술 + 청주 1큰술 + 고춧가루
1작은술)과 버무려 지퍼백에 담는다.

소스
다진 할라피뇨 3개(60g)
+ 마요네즈 2큰술 +
설탕 2작은술 +
레몬즙 1작은술 +
통후추 간 것 약간

식용유 2큰술

구운 고기와 채소를 또띠야에 싸 먹는
멕시코 요리, 화지타. 속재료는 무엇이든 좋다.

1 달군 팬에 또띠야를 올려 약한 불에서
   앞뒤로 각각 30초씩 구운 후 4등분한다.

2 달군 팬에 식용유 1큰술, 파프리카,
   양파, 대파를 넣어 센 불에서
   1분 30초간 볶은 후 덜어둔다.

3 팬을 키친타월로 닦은 후 다시 달궈
   식용유 1큰술, 닭가슴살을 넣어
   중간 불에서 3분간 볶는다.

4 또띠야에 재료, 소스를 함께 싸 먹는다.
   ★ 또띠야 대신 쌈 채소를 활용해도 좋다.

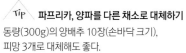 파프리카, 양파를 다른 채소로 대체하기
동량(300g)의 양배추 10장(손바닥 크기),
피망 3개로 대체해도 좋다.

김치 대파 볶음밥

▽ 2~3인분

집에서 준비하기
⏱ 15~25분

게맛살 5개(100g)
사방 1cm 크기로 썰어 지퍼백에 담는다.

즉석 밥 2개(400g)

대파 10cm 5대
송송 썰어 지퍼백에 담는다.

배추김치 1컵(150g)
한입 크기로 썬 후 양념(통깨 1큰술 +
양조간장 1큰술 + 참기름 1큰술 +
고춧가루 1작은술 + 설탕 1/2작은술 +
고추장 2작은술)과 버무려
지퍼백에 담는다.

식용유 1큰술

푸짐하게 넣은 대파가
더욱 개운하게 만들어준다.

밖에서 요리하기
⏱ 10~15분

Ⅰ 달군 팬에 식용유, 대파를 넣어 센 불에서 1분,
   배추김치를 넣고 2분간 볶는다.

2 밥, 게맛살을 넣고 센 불에서 1분 30초간 볶는다.

⟁ TIP   **게맛살을 다른 재료로 대체하기**
베이컨 7줄(105g), 비엔나소시지 10개(80g)로
대체해도 좋다.

맛살 시저샐러드

구하기 쉬운 재료에, 특별한 시저 드레싱을 듬뿍!

▽ 2~3인분

집에서 준비하기
⏱ 15~20분

게맛살 5개(100g)
잘게 찢은 후 지퍼백에 담는다.

시저 드레싱
마요네즈 3큰술 +
올리고당 1/2큰술 +
파마산 치즈가루 2작은술 +
다진 마늘 1/2작은술 +
홀그레인 머스터드 1작은술 +
통후추 간 것 약간

샐러드채소 100g
밀폐용기에 젖은
키친타월을 깐 후
샐러드채소를 담는다.

밖에서 요리하기
⏱ 5분

| 볼에 모든 재료를 넣어 버무린다.

△
TIP **게맛살을 다른 재료로 대체하기**
동량(100g)의 통조림 닭가슴살, 통조림 참치로 대체해도 좋다.

샌드위치로 활용하기
식빵 또는 모닝빵 사이에 넣어 샌드위치로 즐겨도 좋다.
단, 먹기 직전에 만들어야 빵이 눅눅해지지 않는다.

호떡 또띠야칩

일주일 저장 가능! 전자레인지를 활용해 미리 만들어가면 더 편하다.

▽ 10개분　🄯 냉동 7일

집에서 준비하기
ⓛ 15~25분

또띠야(9인치) 1장

토핑
다진 견과류 8큰술(80g) + 올리고당 3큰술 +
시나몬가루 1/2작은술(기호에 따라 가감)

1　토핑 재료를 섞는다.
　또띠야의 가장자리 1cm 정도를 남겨두고
　토핑을 펴 바른다.

2　피자 모양으로 8~10등분한 후
　평평한 내열용기에 담아
　전자레인지(700W)에서 2분간 돌린다.

3　전자레인지 뚜껑을 열었다 닫은 후
　다시 30초간 돌린다.

4　③의 과정을 3~4회 반복한다.
　★ 전자레인지 뚜껑을 열었다 닫으면
　수분이 날아가 더욱 바삭해진다.

5　완전히 식힌 후 지퍼백에 담는다.

땅콩 소스
진미채볶음

Set 10

엄마도 쉬고싶다!
시판 제품 활용 간편 식탁

메인 나가사키 숙주짬뽕
서브 1 까르보나라 소시지
서브 2 통마늘 골뱅이볶음
서브 3 땅콩 소스 진미채볶음

까르보나라
소시지

★
통마늘
골뱅이볶음

★
나가사키
숙주짬뽕

이런 재료가 필요해요!

장보기 리스트

채소
☐ 마늘 26쪽(130g)
☐ 미니 새송이버섯 2컵(140g)
☐ 숙주 1봉(200g)
☐ 양파 1개(200g)
☐ 청양고추 1개
☐ 피망 2개(200g)

가공식품
☐ 비엔나소시지 24개(약 190g)
☐ 사리곰탕 라면 2봉
☐ 우유 1팩(작은 것, 200㎖)
☐ 진미채 1컵(50g)
☐ 통조림 골뱅이 1캔(작은 것, 230g)
☐ 휘핑크림 1팩(250㎖)

하얀 국물 라면의
대표 주자.
어떤 부재료와도
잘 어울려요.

양념류
☐ 고춧가루
☐ 땅콩버터
☐ 마요네즈
☐ 설탕
☐ 소금
☐ 식용유
☐ 양조간장
☐ 올리고당
☐ 후춧가루

요리에 활용할 때는
설탕이 없는 무가당을
구입하세요!

조리 도구

☐ 계량스푼
☐ 계량컵
☐ 깊은 팬
　(지름 26cm 이상) 1개
☐ 주걱
☐ 팬(지름 26cm 이상) 2개

함께 먹으면 더 좋아요!

사이드 메뉴

쌀국수 전문점에서 먹던
바로 그 절임 양파.
얇게 채 썬 양파 1개(200g)와
절임물(설탕 1큰술 + 식초 3큰술 +
소금 1/2작은술 + 생수 1/4컵(50㎖))을
버무려 10분간 둔다.
시원하게 먹으면 더 맛있다.

절임 양파

자몽주스 : 소주 : 탄산수 = 2 : 1 : 2의
황금 비율이면 완성.
자몽주스 대신 다른 주스를
활용해도 좋다.

자몽소주

나가사키 숙주짬뽕

▽ 3~4인분

집에서 준비하기
ⓒ 15~20분

비엔나소시지 4개(32g) + 피망 1개(100g) +
양파 1/2개(100g) + 마늘 3쪽(15g)
소시지는 칼집을 낸다. 피망, 양파는
1cm 두께로 채 썰고, 마늘은 편 썬다.

숙주 1봉(200g)

사리곰탕 라면 2봉

식용유 1큰술

국물이 진한 시판 곰탕라면에 푸짐한 재료를!
속이 확 풀린다.

밖에서 요리하기
🕐 **15~25분**

Ⅰ 깊은 팬을 달궈 식용유, 비엔나소시지,
 피망, 양파, 마늘을 넣어 센 불에서 2분간 볶는다.

2 물 4컵(800㎖)을 붓고 분말 수프를 넣은 후
 센 불에서 끓어오르면 라면을 넣는다.
 포장지에 적힌 시간에서 1분을 제외하고 끓인다.

3 숙주를 넣고 센 불에서 1분간 끓인다.

△ TIP **라면 사용하기**
취향에 따라 다른 라면을 사용해도 좋다.
마지막에 소금으로 부족한 간을 더한다.

119

까르보나라 소시지

▽ 2~3인분

집에서 준비하기
ⓘ 20~25분

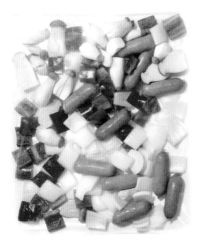

비엔나소시지 20개(160g) + 피망 1개(100g) +
양파 1/2개(100g) + 미니 새송이버섯 1컵(70g) +
마늘 3쪽(15g)
소시지는 칼집을 낸다. 피망, 양파, 버섯은
한입 크기로 썰고, 마늘은 편 썬다.

휘핑크림 1팩(250㎖)

우유 1팩
(작은 것, 200㎖)

식용유 1큰술

소금 약간

고춧가루 1작은술 +
후춧가루 약간

여자들이 특히 더 좋아하는 맛.
고춧가루를 더해 느끼함을 잡았다.

밖에서 요리하기
🕐 15~20분

1 깊은 팬을 달궈 식용유, 비엔나소시지,
   피망, 양파, 미니 새송이버섯, 마늘을 넣고
   센 불에서 3분간 볶는다.

2 휘핑크림, 우유, 소금, 고춧가루,
   후춧가루를 넣은 후 센 불에서 끓어오르면
   중간 불로 줄여 5분간 저어가며 끓인다.

△
Tip **재료 대체하기**
미니 새송이버섯 대신 동량(70g)의 다른 버섯을,
피망, 양파 대신 동량(200g)의
양배추, 파프리카로 대체해도 좋다.

파스타로 즐기기
삶은 파스타 1줌(80g)을 마지막에 더한다.

통마늘 골뱅이 볶음

신사동 인기 맛집의 그 메뉴, 통조림 골뱅이로도 충분하다.

▽ 2~3인분

집에서 준비하기
⏱ 15~20분

통조림 골뱅이 1캔(작은 것, 230g) +
송송 썬 청양고추 1개
골뱅이는 체에 밭쳐 물기를 뺀 후
청양고추와 함께 지퍼백에 담는다.

마늘 20쪽(100g) +
미니 새송이버섯 1컵(70g)
모두 2등분한 후 지퍼백에 담는다.

양념
올리고당 1/2큰술 +
양조간장 2작은술

식용유 2큰술

후춧가루 약간

밖에서 요리하기
⏱ 10~15분

1 달군 팬에 식용유, 마늘, 미니 새송이버섯을 넣어
중간 불에서 5분간 볶는다.

2 골뱅이, 청양고추, 양념을 넣고 센 불에서
1분 30초간 볶는다. 불을 끄고 후춧가루를 넣는다.

땅콩 소스 진미채볶음

손이 가요 손이 가, 자꾸만 손이 가는 진미채볶음.

▽ 2~3인분

집에서 준비하기
⏱ 15~20분

설탕 1작은술

진미채 1컵(50g) + 마요네즈 1큰술 + 땅콩버터 1/2큰술
진미채는 물에 담가 10분간 불린 후 물기를 꼭 짠다.
마요네즈, 땅콩버터와 섞어 지퍼백에 담는다.

밖에서 요리하기
⏱ 5~10분

Ⅰ 약한 불로 달군 팬에 진미채를 넣고 3분,
　설탕을 넣고 1분간 볶는다.

떠난 곳에서 만나는 싱싱한 제철 특산품

캠핑, 펜션 여행지에서 만나는 그곳만의 제철 특산품을 소개합니다.
우연히 떠난 곳에서 접할 수도 있고, 그 계절에 그 재료를 먹기 위해 떠나는 것도 좋지요.
싱싱한 재료로 요리를 맘껏 즐기세요!

수도권

경기 파주	경기 화성	인천	경기 광주	경기 여주	경기 양평
송어	바지락	꽃게	토마토	밤고구마	한우
1~2월	2~4월	4~6월	6~8월	8~10월	연중

강원도

동해, 평창	화천	홍천	강릉	양양	인제
감자	토마토	찰옥수수	오징어	송이버섯	황태
6~8월	7~8월	7~9월	7~11월	9~10월	12~3월
					빙어
					12~2월

속초	횡성
홍게 연중	한우
(7~8월 제외)	연중

경북

영덕	영천	김천	대구	봉화	청송
대게	포도	자두	사과	송이버섯	사과
3~4월	6~8월	7~8월	9~10월	9~10월	10~11월

포항	안동
과메기	간고등어
11~1월	연중

경남

하동	통영	거창
재첩	굴	딸기
4~6월	12~2월	12~4월

충북

진천	영동	충주
수박	포도	사과
7~8월	8월	10~12월

충남

홍성	태안	공주
새조개	도다리	밤
1~3월	3~4월	9~10월
	바지락	
	3~5월	
	대하	
	9~10월	

전북

군산 & 부안	임실	정읍
주꾸미	치즈	한우
3~5월	연중	연중

전남

영광	무안	완도
굴비	양파	전복
4월	4~6월	5~7월

목포	해남	보성(벌교)
갈치	고구마	꼬막
9~10월	9~12월	10~2월

제주

옥돔	고등어	한라봉	흑돼지고기
11~2월	12~2월	12~3월	연중

index 주재료순

index 가나다순

"

취향이 남다른 당신만을 위한, 군더더기 없이
나의 필요에 딱 맞는, 쉽고 정확한 레시피로 언제나 믿을 수 있는,
그동안 어디에서도 찾을 수 없었던 요리책!

"

레시피팩토리 라이브러리에서 모두 찾을 수 있는 그 날까지
열정 가득한 마음으로 만들겠습니다.

가끔이지만 꼭 필요한
요리책_죽

죽의 기본 공식과 이론과
상황별 죽 레시피 수록

무궁무진한 김밥의 맛

기본 김밥 만들기 완전 정복 &
아이 소풍용, 남편 도시락용, 냉장고
털이용, 별미 김밥 레시피 수록

치맥이 더 맛있어지는 치킨

치킨집보다
더 맛있는 치킨과 소문난
치킨 맛집 레시피 수록

더 가벼운 샌드위치

높은 열량, 짜디짠 스프레드는
부담스럽다! 저열량의 맛있는
샌드위치 레시피 수록

어려운 김치는 가라

믿고 따라할 수 있는
김치 레시피가 필요할 때!
꼭 필요한 김치 레시피 수록

혼밥혼술을 위한
아주 간단한 레시피

퇴근 후 바로 만들 수 있는
혼밥족, 혼술족을 위한 간단 레시피

집에서 꼼꼼 준비
밖에서 후딱 요리

캠핑 &
펜션 요리

1판 1쇄 펴낸 날 2017년 9월 6일

편집장	박성주
책임편집	이소민
편집	고영아·한혜인
레시피 개발·검증	배정은·김지나
아트디렉터	원유경
디자인	변바희
사진	김덕창(StudioDA / 어시스턴트 권석준)·김준영
스타일링	김미은(어시스턴트 김미희)
일러스트	박경연·전보라
마케팅	정지유·지은혜·박미주·서한나
영업·관리	조준호·윤혜영·김민아·이정민
독자 기획단	강경남·강우경·강지현·구지현·김민지
	김지수·박송이·서연주·이정진·차유미

펴낸이	조준일
펴낸곳	(주)레시피팩토리
주소	서울시 송파구 올림픽로 35가길 10 잠실더샵스타파크 A-301(신천동)
독자센터	1544-7051
팩스	02-534-7019
홈페이지	www.recipe-factory.co.kr
독자카페	cafe.naver.com/superecipe
출판신고	2009년 1월 28일 제25100-2009-000038호

제작·인쇄	(주)대한프린테크

값 11,800원

ISBN 979-11-85473-31-4
　　　 979-11-85473-15-4(세트)